Die Getriebe für Normdrehzahlen

Neue Rechnungswege und Hilfstafeln
für den Konstrukteur

Von

Dr.-Ing. Ruthard Germar

Berlin-Charlottenburg

Mit einem Vorwort von Dr.-Ing. G. Schlesinger
Professor an der Technischen Hochschule Berlin

**Mit 32 Textabbildungen
und 31 Tafeln**

Springer-Verlag Berlin Heidelberg GmbH 1932

Additional material to this book can be downloaded from http://extras.springer.com

ISBN 978-3-662-32394-6   ISBN 978-3-662-33221-4 (eBook)
DOI 10.1007/978-3-662-33221-4

Aus den „Arbeiten des Lehrstuhls für Werkzeugmaschinen und Betriebswissenschaft"
an der Technischen Hochschule Berlin.

Vorwort.

Die vorliegende Arbeit ist aus dem Gedanken der Drehzahlnormung herausgewachsen, den ich im AWF-Heft 239 „Wesen und Auswirkung der Drehzahlnormung" ausführlich dargelegt habe. Sie wird hiermit der Öffentlichkeit übergeben als Ausschnitt aus diesem großen Normungsplan und als Versuch, die erste Einwirkung dieses Planes auf ein wichtiges Teilgebiet zu zeigen und gedanklich zu umreißen.

Dem dezimalgeometrischen Stufungsgesetz, dessen Anwendung auf die Getriebe zur Erzeugung von Drehzahlreihen in dieser Arbeit untersucht wurde, messe ich eine ähnliche grundlegende Bedeutung für technisches Schaffen bei, wie sie etwa die Stundeneinteilung des Tages oder das Dezimalsystem für unser tägliches Leben besitzt. Von den Wissenschaftlern mehrerer Länder unabhängig aufgefunden und entwickelt, beginnt dieses Gesetz heute seinen Siegeszug durch die Welt. Es wird das unentbehrliche Rüstzeug des Konstrukteurs der Zukunft bilden.

Als ich vor wenigen Jahren, gedrängt durch den Ruf der Praxis nach Vereinfachung, den ersten Vorschlag machte, die Drehzahlen der Werkzeugmaschinen dezimalgeometrisch zu stufen, fand dieser Vorschlag eigentlich sofort einmütige Zustimmung. Dank der engen Gemeinschaftsarbeit mit der Praxis ist es heute fast zur Selbstverständlichkeit geworden, bei der Konstruktion hochwertiger Maschinen unseres Landes die Drehzahlnormung anzuwenden.

Das ist nicht überall leicht; alteingelaufene Bahnen der Getriebeberechnung müssen verlassen werden. Manchmal freilich scheint die Umstellung schwieriger zu sein, als sie es ist, sobald der rechnende Konstrukteur die Auswirkung der Drehzahlnormung auf die Getriebegesetze beherrscht. Für die sinngerechte Anwendung der Drehzahlnormung in der Praxis ist daher die Aufdeckung und Zusammenfassung dieser Gesetze Vorbedingung.

Anordnung, Aufbau und Nutzanwendung der Grundgesetze für die Getriebe der Drehbewegung klarzulegen, war die Aufgabe, die mein Assistent, Dipl.-Ing. Germar in dieser Doktorarbeit: „Die Getriebe für Normdrehzahlen" gelöst hat.

Charlottenburg, im August 1932.

Schlesinger.

Inhaltsverzeichnis.

Anhang.

Tafeln I—XXXI.

Einführung.

Der Vorschlag Schlesingers für Leerlaufdrehzahlen bei Werkzeugmaschinen und Getrieben ist einmütig aufgenommen worden. Seine rasche Einführung in die Praxis verlangt danach, die Getriebe selbst ins Auge zu fassen, die die Drehzahlreihen erzeugen, um entscheiden zu können, wie weit bestehende Werkzeugmaschinen durch einfache Maßnahmen auf Normdrehzahlen umstellbar sind, und um die Wege aufzufinden, die beim neuen Entwurf die beste Form ergeben.

Zur Lösung dieser beiden Aufgaben soll die folgende Arbeit dem Konstrukteur ein geeignetes Werkzeug schaffen: Sie soll einen vollständigen und systematischen Überblick über die gebräuchlichen Getriebeformen vermitteln; sie soll die einzelnen Gesetze aufdecken, die infolge des inneren Aufbaues und infolge der Drehzahlnormung entstehen und soll endlich zu Ergebnissen in einfacher und übersichtlicher Form führen, die der Konstrukteur verwenden kann, ohne sich jedesmal ihre Ableitung klarmachen zu müssen: Am Ende dieses Buches sind sie in Form eines Anhanges zur greifbaren Benutzung zusammengestellt.

Aus dem großen Gebiet der Getriebe von Werkzeugmaschinen erfaßt die Arbeit nur einen, wenn auch sehr wichtigen Ausschnitt. Die Getriebe zur Verwandlung von Drehbewegung in Hin- und Hergehen sowie die Umlaufgetriebe wurden nicht behandelt, ebenso nicht die Fragen der Beanspruchung und der Lagerung.

Trotz dieser Beschränkung ergibt eine völlige Ausschöpfung der Gesetze und Gesichtspunkte, die mit der Drehzahlrechnung der behandelten Getriebe zusammenhängen, eine zunächst beinahe erdrückende Fülle neuer Zusammenhänge und Konstruktionslinien.

Im ersten Teil wurden an den einfachsten Getrieben mit nur zwei Achsen die Grundgesetze aufgestellt. Besonders ausführlich wurde, entsprechend seiner heutigen Bedeutung, das Schieberadgetriebe behandelt hinsichtlich der Anordnungsmöglichkeit für die Räderpaare. Die Getriebe mit der geringsten axialen Breite wurden angegeben. Besondere Beachtung wurde auch dem Stufenscheibenantrieb zuteil. Berechnungsmöglichkeiten der Stufenscheibendurchmesser mit einfachsten Tabellen und Normungsvorschläge wurden aufgestellt. Schließlich wurde für die Berechnung der Zähnezahlen das Vorhandensein besonders günstiger Zähnezahlsummen nachgewiesen und eingehend begründet. Für den praktischen Handgebrauch wurden die theoretischen Erwägungen in eine Rechentafel und ein Tabellenwerk zusammengefaßt, aus denen der Konstrukteur für jede Zähnezahlsumme die richtigen Zähnezahlen für die Übersetzungsverhältnisse der Drehzahlnormung und die sich dabei notwendig ergebende Abweichung vom Sollwert entnehmen kann.

Der zweite Teil behandelt die Zusammenfassung der einfachen Getriebe durch Hintereinanderschaltung zu mehrachsigen Getrieben für große Drehzahlreihen. Die dabei häufig sehr verwickelten, wenn auch elementaren Gesetzmäßigkeiten konnten durch einfache graphische Auftragung in Form meines „Aufbaunetzes" und „Drehzahlbildes" in derart übersichtliche Form gebracht werden, daß heute die Beurteilung der Drehzahlverhältnisse eines Getriebes mit einem Blick möglich ist. Zu ihrer Aufstellung genügt kariertes Papier. Die Aufbaunetze der verschiedenen praktisch brauchbaren Stufenzahlen wurden aufgezeichnet und kritisch gegeneinander abgewogen. Die theoretisch geringste Räderzahl für die einzelnen Stufenzahlen wurde ermittelt. Die theoretisch begründeten Umstellungsmöglichkeiten der Getriebe nach einer bestimmten Reihe der Normdrehzahlen (z. B. Reihe 1, 26) auf eine andere Reihe (z. B. 1,41) mit einfachsten Mitteln wurden eingehend besprochen.

Besondere Beachtung fanden die doppelt gebundenen Getriebe, bei denen zwei Räder der mittleren Welle mit je zwei Rädern der beiden äußeren Wellen kämmen. Es konnte gezeigt werden, daß es hierfür nur eine geringe Anzahl praktisch brauchbarer Getriebe für Drehzahlnormung gibt, die in Form von maßstäblichen Anordnungsbildern aufgezeichnet wurden, damit der Konstrukteur stets das für seine Aufgabe günstige Getriebe auswählen kann. Bei dieser hinsichtlich Erreichung niedrigster Räderzahlen sehr günstigen Getriebeart versagt der vielfach versuchte Weg des unsystematischen Probierens vollständig — wahrscheinlich ein Grund für ihre geringe Anwendung in der Praxis —, aber eine systematische, allerdings nicht einfache Rechnung hat den Weg zu ihnen erschlossen.

Im dritten Teil wurden zunächst die Vorgelegegetriebe behandelt, bei denen — wie z. B. bei dem bekannten Drehbankvorgelege — e i n e Drehzahl durch unmittelbare Kupplung erzeugt wird. Es gelang eine Systematik aufzustellen, die es erlaubt, die sehr verwickelten Getriebe der Mäanderform (z. B. das Ruppertgetriebe) aus den Getrieben der Vorgelegeform abzuleiten. Dadurch und durch sinngemäße Anwendung des Drehzahlbildes ist die Lösung der Aufgabe geglückt, auch für diese Getriebeformen alle Möglichkeiten anzugeben, eine Aufgabe, zu deren Lösung zwar Ansätze schon gemacht wurden, die aber mit den bisherigen Mitteln einer systematischen Behandlung nicht zugänglich war. Dieser an und für sich schwierigste Teil der Arbeit hat ähnlich wie bei den doppelt gebundenen Getrieben auch hier die wenigen praktisch brauchbaren Getriebe herausgeschält.

Auf die Behandlung der Getriebe der Kettenform (z. B. das Bilgramgetriebe) wurde im Rahmen dieser Arbeit verzichtet, da sie heute weniger gebräuchlich sind.

Herrn Professor S c h l e s i n g e r, meinem hochverehrten Lehrer, von dem ich die Anregung zu dieser Arbeit erhalten habe und der sie durch seine dauernde Förderung unterstützte, sowie seinem Oberingenieur, Herrn Dr. L e d e r m a n n bin ich zu ganz besonderem Dank verpflichtet.

Erster Teil

Die einfachen zweiachsigen Getriebe.

1. Formen.

Will man, von einer Antriebswelle mit konstanter Drehzahl ausgehend, einer zweiten Welle, etwa der Arbeitsspindel einer Werkzeugmaschine, verschiedene Drehzahlen erteilen, so muß man zwischen beiden Wellen verschiedene Übersetzungsverhältnisse der Reihe nach zur Wirkung bringen.

Am einfachsten ist dies durch auswechselbare oder aber durch dauernd zwischen zwei Wellen parallel angeordnete Räder- oder Riemenscheibenpaare zu erreichen, die der Reihe nach, aber jeweils nur ein einziges, einzuschalten sind. Getriebe dieser einfachsten Art wollen wir einfache zweiachsige Getriebe nennen.

Die einfachen zweiachsigen Getriebe weisen verschiedene Formen auf:

Soll ein Riementrieb als Übertragung zwischen beiden Wellen dienen, so ist der Stufenscheibenantrieb (Tafel I im Anhang, Abb. 1), bzw. seine Weiterbildung, mit Spannrolle (Abb. 2) die bekannte Lösung. Auf jeder der beiden Wellen wird die gleiche Anzahl von Riemenscheiben konstruktiv zu einer Einheit, der Stufenscheibe, zusammengefaßt. Jedem Durchmesser auf Welle I steht ein Durchmesser auf Welle II gegenüber. Ein Riemen kann der Reihe nach auf jedes zusammengehörige Durchmesserpaar verschoben werden. Dadurch wird jeweils ein anderes Übersetzungsverhältnis eingeschaltet.

Soll eine Zahnradübertragung ausgeführt werden, so ist die Schieberäderanordnung (Tafel I, Abb. 3—10) heute wohl am weitesten verbreitet. Auf einer der beiden Wellen befinden sich, mit der Welle fest verbunden, mehrere Zahnräder, auf der zweiten Welle die gleiche Anzahl von entsprechenden Gegenrädern. Diese Gegenräder sind auf ihrer Welle zwar axial verschiebbar, nicht aber drehbar angeordnet, so daß zwischen Rad und Welle ein Drehmoment übertragen werden kann. Die Welle ist z. B. als Sternkeilwelle ausgebildet. Durch axiales Verschieben kann jedes Schieberad mit dem zugehörigen festen Rad in Eingriff gebracht werden.

Eine weitere Anordnungsmöglichkeit bilden die Kupplungsgetriebe (Tafel I, Abb. 11). Auch hierbei besitzt die eine Welle mehrere feste Räder, die zweite eine gleiche Anzahl loser Räder, die in diesem Falle nicht längs verschiebbar, sondern stattdessen auf der Welle drehbar sind. Jedes Rad ist mit seinem Gegenrad dauernd in Eingriff. In jedem losen Rad befindet sich eine Kupplungsmöglichkeit, durch die es mit seiner Welle fest verbunden werden kann. Durch Einschalten einer solchen Kupplung wird Welle II über das betreffende Übersetzungsverhältnis angetrieben.

Ein besonderes Getriebe dieser Art ist das Ziehkeilgetriebe (Tafel I, Abb. 12), bei dem durch die Ausbildung des kuppelnden Teiles, des Ziehkeiles, die Möglichkeit geschaffen wurde, Rad neben Rad zu setzen und dadurch auf kleinem Raum viele Übersetzungsverhältnisse unterzubringen. Aber infolge der verhältnismäßig

geringen Anlagefläche, die der Ziehkeil für die Kraftübertragung zur Verfügung
stellt, sind diese Getriebe nur für kleinere Kräfte bei gleichbleibender Belastung
geeignet. Ihr häufigstes Anwendungsgebiet sind Vorschubgetriebe, besonders
von Bohrmaschinen.

Eine grundsätzlich andere Möglichkeit der Erzeugung verschiedener Drehzahlen bieten die Schwenkradgetriebe (Tafel I, Abb. 13). Auf der einen Welle
befindet sich ein fester Satz von Stufenrädern, auf der anderen eine axial verschiebbare Räderschwinge mit zwei dauernd in Eingriff befindlichen Rädern.
Durch Schwenken und axiales Verschieben kann das Zwischenrad auf der Schwinge
der Reihe nach mit sämtlichen festen Rädern in Eingriff gebracht werden. Diese
Getriebe waren früher auch im Hauptantrieb von Werkzeugmaschinen häufig
zu finden; heute sind sie durch die Schieberädergetriebe weitgehend verdrängt
und werden in erster Linie zum Antrieb von Drehbankleitspindeln benutzt, in
besonderen Räderkästen, die eine Erzeugung der wichtigsten Gewindesteigungen
ohne Wechselräder möglich machen.

Eine besonders geartete Weiterbildung des Schwingenantriebes weist zwei
Stufenrädersätze auf (Tafel I, Abb. 14), je einen auf jeder der beiden Wellen, wie
das Ziehkeilgetriebe (Abb. 12 dieser Tafel), jedoch sind die zugeordneten Räderpaare nicht in Eingriff. Ein Zwischenrad, das durch eine geeignete Lenkung der
Reihe nach zwischen jedes Räderpaar geschaltet werden kann, besorgt die Kraftübertragung.

Dieses Getriebe besitzt eine gewisse Ähnlichkeit mit dem Stufenscheibenantrieb (Tafel I, Abb. 1). Den beiden Stufenscheiben sind die beiden Rädersätze,
dem verschiebbaren Riemen ist das verschiebbare Zwischenrad vergleichbar. Eine
ähnliche Vergleichbarkeit besteht zwischen dem Schwenkradgetriebe (Tafel I,
Abb. 13) und dem Stufenscheibenantrieb mit Spannrolle (Tafel I, Abb. 2). Die
Einschwenkbarkeit der Schwinge läßt sich mit der einschwenkbaren Spannrolle
vergleichen.

2. Anordnungen.

Die verschiedenen Formen des einfachen zweiachsigen Getriebes lassen verschiedene Anordnungen für die einzelnen Durchmesser- und Räderpaare auf beiden
Wellen zu. Besonders interessant in dieser Hinsicht sind die Schieberädergetriebe, die ausführlich behandelt werden sollen. Bei den übrigen Getrieben,
deren Anordnungsmöglichkeiten zuerst besprochen werden sollen, ist diese Frage
von geringerer Bedeutung.

Bei den Stufenrädersätzen der Getriebe nach Abb. 13 und 14 auf Tafel I ist die
Reihenfolge der Räder bzw. Räderpaare an und für sich zwar beliebig, doch wird
man sie, sofern keine besonderen Gründe eine andere Reihenfolge zweckmäßig
erscheinen lassen, der Größe nach anordnen, da dann der Weg für das Schwingen-
rad bzw. Zwischenrad am gleichmäßigsten wird. Für das Ziehkeilgetriebe nach
Abb. 12 der Tafel I und das Kupplungsgetriebe nach Abb. 11 dieser Tafel gilt das
gleiche, besonders da dann benachbarten Hebelstellungen auch benachbarte
Drehzahlen zugeordnet werden, was mit Rücksicht auf die Sinnfälligkeit der
Hebelstellungen erstrebenswert scheint. Bei den Riemengetrieben nach Abb. 1
und 2 der Tafel I ist eine größenmäßige Reihenfolge der Scheibendurchmesser in
Hinblick auf das Umlegen des Riemens augenscheinlich geboten.

Die Schieberadgetriebe nach Abb. 3—10 auf Tafel I gestatten nur bestimmte
Anordnungen der Räder, die unter Umständen eine größenmäßige Anordnung
der Übersetzungen ausschließen.

Die einfachsten Schieberadgetriebe erzeugen zwei Drehzahlen und können
zwei verschiedene Anordnungen haben: entweder liegen beide Schieberäder eng

nebeneinander (Abb. 3) oder beide festen Räder (Abb. 4). Die beiden anderen Räder müssen soweit auseinandergezogen werden, daß erst das eine Räderpaar völlig außer Eingriff kommt, ehe die Zähne des zweiten Paares zu kämmen beginnen. Damit diese Bedingung erfüllt ist, muß — unter Annahme gleicher Breite für alle vier Räder — die axiale Ausdehnung des Getriebes nach Tafel I, Abb. 3 mehr als vier Radbreiten, des Getriebes nach Tafel I, Abb. 4 aber mehr als sechs Radbreiten betragen. Denn bei Abb. 4 muß der Schieberadsatz, der bereits eine axiale Ausdehnung von mehr als vier Radbreiten besitzen muß, außerdem noch um zwei Radbreiten axial verschiebbar sein. Diese Anordnung hat also den größten Raumbedarf, wobei allerdings zu beachten ist, daß bei der engen Anordnung der Schieberäder eine gegebenenfalls vorgesehene Muffe zur Verschiebung (in Tafel I, Abb. 3 gestrichelt angedeutet) die axiale Baulänge vergrößert, während eine solche Muffe bei der weiten Anordnung der Schieberäder (Tafel I Abb. 4) ohne Vergrößerung der axialen Baulänge zwischen beiden Schieberädern angebracht werden kann.

Ein Schieberadgetriebe für d r e i Drehzahlen erhält man am einfachsten dadurch, daß man sich zwei Getriebe für zwei Drehzahlen nebeneinander gesetzt und die beiden mittleren Räder miteinander verschmolzen denkt. Zwei Getriebe nach Tafel I Abb. 3 ergeben auf diese Weise ein Getriebe nach Tafel I Abb. 5 mit einer axialen Ausdehnung von mindestens $(2 \cdot 4) - 1 = 7$ Radbreiten ($- 1$, weil durch die Verschmelzung der beiden mittleren Räder eine Radbreite wegfällt), zwei Getriebe nach Tafel I Abb. 4 ergeben dagegen ein Getriebe nach Tafel I Abb. 6 mit einer axialen Ausdehnung von $(2 \cdot 6) - 1 = 11$ Radbreiten. Es ist zu beachten, daß bei Abb. 5 das kleinste, bei Abb. 6 aber das größte feste Rad in die Mitte genommen werden muß und daß der Unterschied zum nächst größeren bzw. kleineren festen Rad mindestens vier Zähne betragen soll, damit die Schieberäder an den entsprechenden festen Rädern in jeder Stellung vorbeizubewegen sind.

Schließlich besteht noch die Möglichkeit, ein zweistufiges Getriebe nach Tafel I Abb. 3 mit einem zweistufigen Getriebe nach Tafel I Abb. 4 zu verschmelzen. Auf diese Weise entsteht ein Getriebe nach Abb. 7 dieser Tafel mit einer axialen Mindestausdehnung von $6 + 4 - 1 = 9$ Radbreiten. Bei Abb. 7 ist das größte Schieberad (6) in die Mitte genommen und das kleinste Schieberad (2) in weitem Abstand dazu gelegt worden. Da nur dieses Rad 2 an dem festen Rad (5) vorbeibewegt zu werden braucht, muß bei dieser Anordnung nur zwischen größtem und kleinstem Schieberad ein Unterschied von mindestens vier Zähnen bestehen, der Unterschied kann also zwischen Rad 1 und 3 weniger, beispielsweise nur zwei Zähne betragen. Bei den Getrieben nach Abb. 5 u. 6 war zwischen zwei entsprechenden aufeinanderfolgenden Rädern ein Unterschied von v i e r Zähnen nötig.

Die Anordnung nach Tafel I Abb. 7 ist also besonders geeignet zur Erzeugung von Drehzahlreihen mit feinen Stufensprüngen.

Wie die Anordnung der Abb. 4 aus der Anordnung der Abb. 3 dadurch entwickelt werden kann, daß man die Schieberäder zu festen Rädern werden läßt, gibt es auch für das Getriebe nach Abb. 7 dieser Tafel eine entsprechende Umkehrung (Abb. 8), die aber eine größere axiale Baulänge besitzt.

Allen bisher angegebenen dreistufigen Anordnungen war gemeinsam, daß sie bei aufeinanderfolgenden Schaltstellungen keine größenmäßige Reihenfolge der Drehzahlen aufweisen. Die Anordnung nach Abb. 7 Tafel I bietet aber durch eine geringe Umstellung der Räder diese Möglichkeit, wenn man nämlich nicht das größte und kleinste Schieberad, sondern das größte und mittlere Schieberad in weitem Abstand voneinander hält (Tafel I Abb. 9). Allerdings gibt man damit den Vorteil des geringeren Zähnezahlunterschiedes auf. Bei Abb. 9 der Tafel I müssen, wie nach dem oben Gesagten leicht einzusehen ist, zwei aufeinanderfolgende Räder möglichst, d. h. bei normaler Verzahnung, einen Unterschied von mindestens vier Zähnen besitzen. Erwähnt sei, daß auch von diesem Getriebe eine Umkehr im Sinne der Vertauschung von festen und Schieberädern möglich ist. Dabei ergibt sich wiederum ein größerer axialer Raumbedarf. Von der Aufzeichnung dieser ungünstigeren Anordnung wurde abgesehen.

Bei der Anordnung nach Abb. 5 der Tafel I kann man eine größenmäßige Reihenfolge der Drehzahlen dadurch erhalten, daß man die Schieberäder der Größe nach anordnet, die beiden größten Schieberäder um mehr als zwei Radbreiten und dementsprechend die beiden kleinsten festen Räder um mehr als sechs Radbreiten auseinanderzieht (Abb. 10 der Tafel I). Der axiale Raumbedarf beträgt somit wiederum mehr als neun Radbreiten (bei gleicher Radbreite für sämtliche Räder), und da die hier nicht gezeichnete Umkehrung von festen und Schieberädern eine noch größere Baulänge hervorrufen würde, gilt ganz allgemein der Satz:

Die kürzeste axiale Baulänge eines dreistufigen Schieberadgetriebes für größenmäßige Reihenfolge der Drehzahlen beträgt mehr als neun Radbreiten.

Vier und mehr Räder in einen einzigen Schieberadblock zusammenzufassen, dürfte im allgemeinen nicht zu empfehlen sein. Man ordnet besser für vier Drehzahlen zwei Zweierblöcke, für fünf Drehzahlen einen Zweier- und einen Dreierblock und für sechs Drehzahlen zwei Dreierblöcke nebeneinander auf jeder der beiden Wellen an, wenn man nicht für vier und sechs Drehzahlen von der im zweiten Abschnitt besprochenen Drehzahlvervielfachung durch Hintereinanderschaltung Gebrauch machen will.

3. Aufbau.

Sämtliche bisher behandelten Getriebe haben gemeinsame Grundgesetze für die Übersetzungen, die mit „Aufbau" bezeichnet werden sollen und im folgenden von bekanntem ausgehend abgeleitet werden.

Bei jedem kämmenden Räderpaar besteht zwischen beiden Teilkreisdurchmessern d_I und d_{II} und den Drehzahlen n_I und n_{II} beider Wellen infolge der gleichen Teilkreisgeschwindigkeit beider Räder die Gleichung

$$n_I \cdot d_I = n_{II} \cdot d_{II}, \tag{1}$$

die bei Vernachlässigung des Riemenschlupfes und der Riemenstärke auch auf die Riemenübertragung anzuwenden ist, wenn d_I und d_{II} die beiden Durchmesser eines Scheibenpaares bedeuten.

Durch einfache Umformung ergibt sich hieraus die Bestimmungsgleichung für das Übersetzungsverhältnis u

$$u = \frac{d_I}{d_{II}} = \frac{n_{II}}{n_I} \tag{2}$$

als Verhältnis des Durchmessers der treibenden zu dem der getriebenen Welle oder umgekehrt der Drehzahl der getriebenen zu der der treibenden Welle.

Den betrachteten Getrieben war die Erzeugung mehrerer Drehzahlen n_{II_1}, n_{II_2}, n_{II_3} usw. der getriebenen Welle aus einer einzigen Drehzahl n_I der treibenden Welle gemeinsam. Daher läßt sich für diese Getriebe aus Gleichung (2) folgendes Gleichungssystem aufbauen:

$$n_{II_1} = u_1 \cdot n_I, \quad n_{II_2} = u_2 \cdot n_I, \quad n_{II_3} = u_3 \cdot n_I \text{ usw.} \tag{3}$$

Sollen die Drehzahlen der getriebenen Welle eines solchen Getriebes z. B. zwecks Erzeugung verschiedener Gewindesteigungen arithmetisch gestuft sein:

$$n_{\mathrm{II}_2} = n_{\mathrm{II}_1} + a; \quad n_{\mathrm{II}_3} = n_{\mathrm{II}_2} + a \text{ usw.,}$$

so folgt daraus die Reihe für die Übersetzungsverhältnisse

$$u_2 = \frac{n_{\mathrm{II}_2}}{n_{\mathrm{I}}} = \frac{n_{\mathrm{II}_1} + a}{n_{\mathrm{I}}} = u_1 + \frac{a}{n_{\mathrm{I}}}$$

$$u_3 = \frac{n_{\mathrm{II}_3}}{n_{\mathrm{I}}} = \frac{n_{\mathrm{II}_2} + a}{n_{\mathrm{I}}} = u_2 + \frac{a}{n_{\mathrm{I}}} \text{ usw.,}$$

also gleichfalls eine arithmetische Reihe mit der Stufenkonstanten $\frac{a}{n_{\mathrm{I}}}$. Es gilt überhaupt ganz allgemein:

Sollen die Drehzahlen $n_{\mathrm{II}_1}, n_{\mathrm{II}_2}, n_{\mathrm{II}_3}$ usw. der angetriebenen Welle eine Gesetzmäßigkeit aufweisen (arithmetische, geometrische oder logarithmische Stufung), so ergibt sich aus dem Gleichungssystem (3), daß als Voraussetzung hierfür die Übersetzungsverhältnisse u_1, u_2, u_3 usw. die gleiche Gesetzmäßigkeit besitzen, da sie sich von dem zugeordneten n_{II} nur durch den Proportionalitätsfaktor n_{I} unterscheiden.

Dieses sehr einfache aber für alle folgenden Betrachtungen grundlegende Ergebnis soll als Grundgesetz des Aufbaues bezeichnet werden. In etwas eingeschränkterer Form — auf die fast überwiegend erforderliche geometrische Stufung angewendet — nimmt das Grundgesetz des Aufbaues folgende Gestalt an:

Die Übersetzungsverhältnisse eines einfachen zweiachsigen Getriebes zur Erzeugung einer geometrischen Drehzahlreihe bilden eine geometrische Reihe mit dem gleichen Stufensprung. Dies hat zur Folge, daß der ganze Aufbau eines Getriebes für geometrische Stufung durch nur zwei Größen: den Stufensprung φ und ein beliebiges Übersetzungsverhältnis u festgelegt ist.

4. Forderungen der Drehzahlnormung.

Die Drehzahlnormung bedingt folgende zwei Einschränkungen, die die Grundpfeiler der Rechnungsvereinfachung für sämtliche Getriebe bilden werden:

1. Einschränkung in der Wahl des Stufensprunges.
2. Einschränkung in der Wahl der Übersetzungsverhältnisse.

Die Einschränkung in der Wahl des Stufensprunges bedarf keiner weiteren Erklärung: Durch die Drehzahlnormung sind die sechs normalen Werte: 1,06; 1,12; 1,26; 1,41; 1,58 und 2,00 festgelegt, die untereinander in bestimmtem mathematischen Zusammenhang stehen (Tafel II, Abb. 15). Der Stufensprung φ kann also nur diese sechs Werte erhalten.

Auf die Einschränkung in der Wahl der Übersetzungsverhältnisse muß näher eingegangen werden, da sie weniger auf der Hand liegt, aber für die Konstruktion der Getriebe von mindestens gleicher Bedeutung ist. Man kann sich die einschränkende Auswirkung der Drehzahlnormung auf die Übersetzungsverhältnisse folgendermaßen klarmachen: Denken wir uns die Welle I der besprochenen Getriebe durch einen unmittelbar gekuppelten Drehstrommotor angetrieben, so erhält diese Welle bei synchronem Leerlauf eine Drehzahl entsprechend der synchronen Drehzahl des Antriebmotors, beispielsweise 750 min^{-1}. Diese Drehzahl, sowie sämtliche anderen hier in Frage kommenden Motordrehzahlen des theoretischen Leerlaufes sind in der Reihe 1,06 der Drehzahlnormung enthalten: Es war dies eine Grundforderung bei der Aufstellung der Drehzahlreihen dieser

Normung. Die getriebene Welle II muß bei einem Getriebe nach Drehzahlnormung eine Drehzahlreihe besitzen, die bei synchronem Leerlauf einen Ausschnitt aus einer der sechs Reihen der Drehzahlnormung bildet, beispielsweise 750, 530, 375 min^{-1}, also Reihe 1,41. Ein solcher Ausschnitt aus einer Reihe der Drehzahlnormung enthält stets nur Zahlen, die auch in Reihe 1,06 der Drehzahlnormung enthalten sind: Dies war eine weitere Grundforderung bei der Aufstellung der Normdrehzahlen. Also müssen bei einem Getriebe nach Drehzahlnormung sowohl die Drehzahlen der **treibenden** als auch der **getriebenen** Welle in der Reihe 1, 06 enthalten sein. Weil aber die Reihe 1,06 eine geometrische Reihe mit dem Stufensprung $1{,}06 = \sqrt[40]{10}$ darstellt, beträgt das Verhältnis zwischen beliebigen Zahlen dieser Reihe $1 : (\sqrt[40]{10})^k$, wobei k jede ganze Zahl bedeuten kann. In dem gewählten Beispiel:

$$n_\mathrm{I} = 750 \text{ min}^{-1}; \quad n_{\mathrm{II}_1} = 750 \text{ min}^{-1}; \quad n_{\mathrm{II}_2} = 530 \text{ min}^{-1}; \quad n_{\mathrm{II}_3} = 375 \text{ min}^{-1}$$

sind die drei Übersetzungen

$$u_1 = n_{\mathrm{II}_1} : n_\mathrm{I} = 750 : 750 = 1 : 1{,}00 = 1 : (\sqrt[40]{10})^0; \quad k = 0$$

$$u_2 = n_{\mathrm{II}_2} : n_\mathrm{I} = 530 : 750 = 1 : 1{,}41 = 1 : (\sqrt[40]{10})^6; \quad k = 6$$

$$u_3 = n_{\mathrm{II}_3} : n_\mathrm{I} = 375 : 750 = 1 : 2{,}00 = 1 : (\sqrt[40]{10})^{12}; \quad k = 12$$

Stellt man sich eine Tabelle auf, in der die Zahlenwerte sämtlicher ganzzahliger Potenzen von $\sqrt[40]{10}$ entsprechend eingetragen sind (Tafel II, Abb. 16), so hat man eine Übersicht über die wenigen bestimmten Werte, die die Übersetzungsverhältnisse infolge der Drehzahlnormung annehmen dürfen[1].

Diese „Normung der Übersetzungsverhältnisse" ist allerdings nur dadurch möglich, daß der Drehzahlnormung die Drehzahlen des synchronen Leerlaufes zugrunde gelegt worden sind. Hätte man als Grundlage die Verhältnisse bei Last gewählt, die in anderer Hinsicht zunächst einige scheinbaren Vorteile versprachen, so hätte sich folgendes Bild ergeben: Die Nennlastdrehzahlen der Elektromotoren sind nicht wie die entsprechenden synchronen Drehzahlen eindeutig durch Polpaarzahl und Frequenz des Drehstromes bestimmt, sondern in starkem Maße abhängig von der Leistung und synchronen Drehzahl des Motors. Für den als Beispiel gewählten Motor mit der synchronen Drehzahl 750 würden die entsprechenden Nenndrehzahlen bei 0,5 kW etwa 680 min^{-1}, bei 15 kW aber vielleicht 720 min^{-1} betragen. An die Stelle der eindeutigen Übersetzung

$$u_1 = 750 : 750 = 1 : 1$$

würden, wenn man die Leerlaufdrehzahlen der Drehzahlnormung irrtümlicherweise als Lastdrehzahlen an der Arbeitsspindel beibehält, die Übersetzungen

---

[1] Bei der Aufstellung dieser Tabelle wurde stets von den genauen Werten der $\sqrt[40]{10}$ ausgegangen, nicht von dem entsprechenden Wert der $\sqrt[12]{2}$, da sich bei den h ö h e r e n Potenzen zu große Abweichungen von dem theoretisch richtigen Zehneraufbau des ganzen Systems ergeben hätten: z. B.

$$1 : (\sqrt[40]{10})^{24} = 1 : 3{,}98; \quad 1 : (\sqrt[12]{2})^{24} = 1 : 4{,}00, \text{ während}$$

$$1 : (\sqrt[40]{10})^{12} = 1 : 2{,}00 \text{ und } 1 : (\sqrt[12]{2})^{12} = 1 : 2{,}00 \text{ praktisch noch völlig übereinstimmen.}$$

$$u_1' = 680 : 750 = 1 : 1{,}1 \text{ bei } 0{,}5 \text{ kW}$$

und
$$u_1'' = 720 : 750 = 1 : 1{,}04 \text{ bei } 15 \text{ kW}$$

treten und bei den dazwischenliegenden Leistungswerten entsprechende dazwischenliegende Übersetzungsverhältnisse. Das gleiche gilt für alle übrigen Übersetzungswerte.

Alle auf der Übersetzungsnormung beruhenden konstruktiven Vorteile der Drehzahlnormung, die wir im folgenden behandeln wollen, wären mit einem Schlag zunichte gemacht.

Wollte man auf diese Vorteile nicht verzichten und trotzdem den Gedanken der Lastdrehzahlen aufrechterhalten, so gäbe es als einzig mögliches Vorgehen nur den Ausweg, den der Transmissionsbau beschreiten konnte, nämlich die Zugrundelegung einer um 6 % unter den synchronen Drehzahlen liegenden Reihe von Nenndrehzahlen, statt 750 also 710. Der Transmissionsbau konnte dies tun, da dort die verwendeten großen und fast stets voll belasteten Motoren im Verhältnis zum Werkzeugmaschinenbau nur wenig in der Leistung schwanken und außerdem sämtlich infolge ihrer höheren Nennleistung einen geringeren Drehzahlunterschied zwischen der synchronen und der Nenndrehzahl aufweisen. Beim Werkzeugmaschinenbau dürfte ein solches Vorgehen dagegen infolge der grundsätzlich anderen und schwierigeren Verhältnisse kaum zulässig sein. (Grobe Schruppspäne bei kleiner Drehzahl, feinste Schlichtspäne bei hoher Drehzahl usw.)

5. Durchmesserberechnung.

In Hinblick auf die Berechnung der Durchmesser (Teilkreisdurchmesser bzw. Scheibendurchmesser) lassen sich die einfachen zweiachsigen Getriebe in folgende Gruppen teilen:

a) Getriebe, bei denen zwei zusammengehörige Durchmesser nicht unmittelbar, sondern über ein Zwischenglied zusammenhängen. Zu dieser Gruppe gehören die Getriebe mit Schwenkrad (Tafel I, Abb. 13) und Spannrolle (Tafel I, Abb. 2).

b) Getriebe (mit gleicher Durchmessersumme), bei denen die zusammengehörigen Durchmesser sich berühren. Zu dieser Gruppe gehören die Kupplungs-, Ziehkeil- und Schieberädergetriebe (Tafel I, Abb. 3—12), sowie auch die aufsteckbaren Wechselräder.

c) Der Stufenscheibenantrieb (Abb. 1 der Tafel) und der zweifache Stufenrädersatz mit Zwischenrad (Abb. 14) kann sowohl nach der einen als auch nach der anderen Gruppe berechnet werden. Welche Bedeutung dieser Zwischenstellung zukommt, soll am Ende dieses Abschnittes unter c behandelt werden.

a) Getriebe ohne unmittelbaren Zusammenhang der Durchmesser.

Die Aufstellung der Stufung für die Durchmesser in Abhängigkeit der Übersetzungsverhältnisse gestaltet sich bei dieser Gruppe sehr einfach. Die Übersetzungsverhältnisse sowohl bei dem Getriebe nach Abb. 2 auf Tafel I als auch bei dem Getriebe nach Abb. 13 auf Tafel I lauten:

$$u_1 = \frac{d_1}{d_6}; \qquad u_2 = \frac{d_2}{d_6}; \qquad u_3 = \frac{d_3}{d_6}; \qquad u_4 = \frac{d_4}{d_6} \tag{4}$$

In diesem Gleichungssystem erscheint im Nenner stets der gleiche Durchmesser d_6. Daraus folgt in Verbindung mit dem Grundgesetz des Getriebeaufbaues, daß bei diesen Getrieben nicht nur die Übersetzungsverhältnisse, sondern auch die Durchmesser stets die gleiche Stufung aufweisen müssen, wie die Drehzahlen der angetriebenen Welle.

In dieser allgemeinen Form gilt das Gesetz jedoch nur dann, wenn wie in Abb. 2 bzw. 13 der Tafel I die Stufenscheibe bzw. der Stufenrädersatz auf der treibenden Welle sitzen. Befindet sich dagegen die Stufenscheibe bzw. der Stufenrädersatz auf der getriebenen Welle (Abb. 1 bzw. 2 im Text), so lauten die Übersetzungsverhältnisse:

$$u_1 = \frac{d_1}{d_3}; \qquad u_2 = \frac{d_1}{d_4}; \qquad u_3 = \frac{d_1}{d_5}; \qquad u_4 = \frac{d_1}{d_4} \tag{5}$$

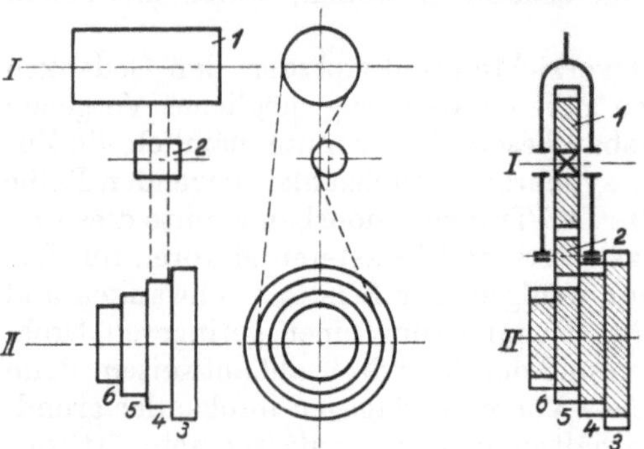

Abb. 1. Stufenscheibengetriebe mit einer gestuften Scheibe (auf der getriebenen Welle).

Abb. 2. Schwenkradgetriebe mit Stufenrädersatz auf der getriebene Welle.

Umkehrungen von Abb. 2 bzw. 13 auf Tafel I durch Vertauschung von treibender und getriebener Welle.

Bei arithmetischer Drehzahlstufung hätte ein solches Getriebe gewissermaßen eine hyperbolische Durchmesserstufung, wenn man die Umkehr der arithmetischen Stufung so bezeichnen will. Für die geometrische Drehzahlstufung dagegen ist bei den Getrieben der Textabb. 1 u. 2 die Durchmesserstufung auch geometrisch. Denn die geometrische Übersetzungsreihe

$$u_2 = u_1 \cdot \varphi; \; u_3 = u_2 \cdot \varphi \; \text{usw.}$$

ergibt hierfür die geometrische Durchmesserreihe

$$\frac{d_1}{d_4} = \frac{d_1 \cdot \varphi}{d_3}; \qquad d_3 = d_4 \cdot \varphi; \qquad \frac{d_1}{d_5} = \frac{d_1 \cdot \varphi}{d_4}; \qquad d_4 = d_5 \cdot \varphi \; \text{usw.,} \tag{6}$$

so daß also diese Getriebeart bei geometrischen Drehzahlreihen in jedem Fall ein sehr einfaches Bildungsgesetz für die Teilkreisdurchmesser besitzt:

Die Durchmesser bilden eine geometrische Reihe mit dem gleichen Stufensprung wie die Drehzahlreihe.

Damit ist über das Verhältnis der Stufendurchmesser zum Durchmesser d_1 bzw. d_6 noch nichts ausgesagt. Dieses Verhältnis wird durch eines der Übersetzungsverhältnisse u gegeben, das außer dem Stufensprung φ zur vollständigen Kenntnis des Aufbaues nötig ist. Der Achsabstand beider Wellen, sowie der Durchmesser des Zwischenrades in Textabb. 2 bzw. Abb. 13 auf Tafel I wird nur durch konstruktive Rücksichten bestimmt.

Auf Grund der geometrischen Durchmesserstufung bei geometrischer Drehzahlstufung lassen sich die Scheibendurchmesser der Getriebe nach Textabb. 1 und Abb. 2 auf Tafel I für Drehzahlnormung sehr leicht errechnen. Der Transmissionsbau hat Normaldurchmesser aufgestellt (DIN 111), die den Normungszahlen DIN 323 entnommen sind und eine geometrsiche Reihe mit dem Stufensprung 1,12 bilden, dem gleichen Stufensprung wie die Reihe 1,12 der Drehzahlnormung. Nimmt man daher für die Stufenscheibe des Getriebes nach Textabb. 1 aufeinanderfolgende Durchmesser aus DIN 111, so läuft die getriebene Welle nach der Reihe 1,12. Soll sie nach einer anderen Reihe der Drehzahlnormung, z. B. der Reihe 1,41 laufen, so muß man aus DIN 111 sich Durchmesser nach dem gleichen Auswahlgesetz wählen, nach dem die betreffende Reihe aus der Reihe 1,12 hervorgegangen ist, also im Beispiel immer nur den dritten Durchmesser nehmen (140, 200, 280). Zur Erzeugung der Reihe 1,06 reicht DIN 111 nicht aus, es fehlt zwischen je zwei aufeinanderfolgenden Durchmessern der Zwischenwert. Um auch diese Reihe — in der Praxis wird das zwar kaum jemals verlangt werden — mit einem Getriebe nach Textabb. 1 bzw. Abb. 2 auf Tafel I erzeugen zu können, müßte man normale Durchmesser nach einer Reihe mit dem Sprung 1,06 schaffen (Tafel II Abb. 17). Man wird dabei am zweckmäßigsten auf drei Stellen abgerundete Werte für die Durchmesser anwenden, mit Rücksicht auf die hohen Anforderungen des Werkzeugmaschinenbaues an die Sauberkeit einer Drehzahlreihe. Mit dem Vorschlag Tafel II Abb. 17 werden wir uns weiter unten eingehend beschäftigen.

b) Getriebe mit gleicher Durchmessersumme.

Die zweite Gruppe von Getrieben hat außer dem Grundgesetz für den Aufbau, das für die Übersetzungsverhältnisse

$$u = \frac{d_{\mathrm{I}}}{d_{\mathrm{II}}} \tag{2}$$

eine bestimmte Stufung vorschreibt, noch eine weitere Bedingung zu erfüllen, die mit Achsabstandsgesetz bezeichnet sei:

Die Summe zweier zusammengehörenden Durchmesser muß gleich sein, damit sich für alle Räderpaare der gleiche Achsabstand ergibt. Denn diese Summe ist gleich dem doppelten Achsabstand A.

$$d_{\mathrm{I}} + d_{\mathrm{II}} = 2\,A \tag{7}$$

Faßt man beide Gleichungen (2 und 7) zusammen, so ergibt sich eine Beziehung für den Durchmesser d_{I} bzw. d_{II} in Abhängigkeit von Übersetzungsverhältnis u und doppeltem Achsabstand bzw. Durchmessersumme $2\,A$.

$$d_{\mathrm{I}} = 2\,A \cdot \frac{u}{u+1}, \qquad d_{\mathrm{II}} = 2\,A \cdot \frac{1}{u+1} \tag{8 und 9}$$

Infolge der Drehzahlnormung können für die Übersetzungsverhältnisse u nur die in Tafel II Abb. 16 angegebenen Normwerte genommen werden. Man kann sich daraus eine Tabelle für die Werte $\frac{u}{u+1}$ bzw. $\frac{1}{u+1}$ aufstellen (Tafel II Abb. 18).

An Hand dieser Tabelle lassen sich die Durchmesser für jedes Übersetzungsverhältnis der Drehzahlnormung mühelos ausrechnen, indem man die angegebenen Werte mit der gewählten Durchmessersumme bzw. dem Doppel des gewählten Achsabstandes multipliziert, wie das auf der Tafel angegebene Beispiel zeigt.

Damit ist eine sehr einfache Ausrechnungsmöglichkeit für die Durchmesserpaare der Kupplungs- und Schieberadgetriebe gegeben, die allerdings erst infolge der Drehzahlnormung möglich war. Man erkennt bereits hier, welche Erleichterung die Drehzahlnormung für die Berechnung dieser Getriebe mit sich bringt.

Wenn man häufiger solche Berechnungen auszuführen hat, empfiehlt es sich, die in Abb. 18 auf Tafel II angegebenen Werte auf der Zunge des Rechenschiebers zu markieren und die betreffende Normübersetzung dazuzuschreiben, bzw. sich für einen der handelsüblichen Papprechenstäbe eine besonders geteilte Zunge anzufertigen. Besonders einfach gestaltet sich die Rechnung bei einem Rechenstab mit reziproker Teilung. Gemäß Gleichung (9) ist

$$d_{\mathrm{II}} = \frac{2\,A}{u+1};$$

d. h. man hat die Durchmessersumme durch den um 1 vermehrten Wert des Übersetzungsverhältnisses zu teilen. Zu diesem Zweck stellt man bei einem Stab mit reziproker Teilung die Marke 1 der Zunge über den Wert der Durchmessersumme, z. B. 720, zählt im Kopf den Wert 1 zum Übersetzungsverhältnis hinzu und liest dann unter diesem Wert der reziproken Teilung auf der Zunge — also beispielsweise beim Übersetzungsverhältnis 1 : 2 unter dem Wert 3 — den gesuchten Durchmesserwert (hier 240) auf der unteren Skala ab.

Um einen Überblick über die Beeinflussung der Durchmesser durch das Achsabstandsgesetz zu bekommen, ist es empfehlenswert, den durch die Gleichungen (9) gegebenen Zusammenhang zwischen Durchmesser und Übersetzungsverhältnis in Form einer Kurve aufzutragen (Textabb. 3). Zweckmäßig wählt man dazu — wie wir später begründen werden — ein einfach-logarithmisches Netz mit dem Logarithmus des Übersetzungsverhältnisses als Abszisse und dem Durchmesser in linearer Auftragung als Ordinate. Es entsteht die sogenannte „Radgrenzkurve"[1]. Man könnte daran denken, diese Kurve in ihrer graphischen Form zur Berechnung der Durchmesserpaare heranzuziehen; dann müßte man z. B. für jedes Übersetzungsverhältnis die beiden Strecken d_I und d_II in Textabb. 3 von der Kurve bis zur oberen bzw. unteren Asymptode abgreifen und mit dem gewählten Achsabstand A (gleich der halben Durchmessersumme) multiplizieren.

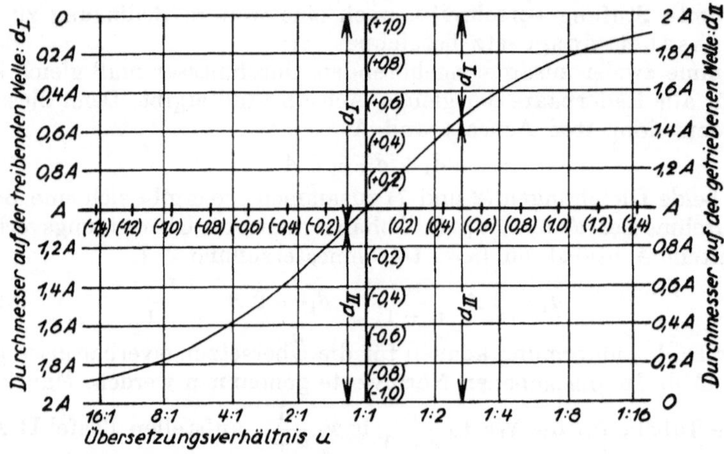

Abb. 3. Die Radgrenzkurve und ihr Zusammenhang mit dem hyperbolischen Tangens. (Zahlenwerte für die Koordinaten der Radgrenzkurve ohne Klammer, für die des hyp. Tg. in Klammer).

Ein solches Vorgehen hätte aber mehr Fehlermöglichkeiten in sich und würde zu ungenaueren Werten führen, als die Berechnungen an Hand der Abb. 18 auf Tafel II. Die Benutzung der graphisch dargestellten Radgrenzkurve als Unterlage zur Berechnung von Getrieben für Drehzahlnormung ist daher abwegig[2].

Aber diese Kurve ist in anderer Hinsicht von grundlegendem Wert: Ihre eingehende Behandlung erschließt neue Einblicke in die Durchmesser- und Zähnezahlberechnung. Wir wollen zeigen, daß die Radgrenzkurve dem Mathematiker seit langem geläufig und eingehend von ihm durchforscht ist, daß sie nämlich nichts anderes darstellt, als eine einfache Umformung der bekannten Kurve des hyperbolischen Tangens. Dies läßt sich kurz folgendermaßen nachweisen:

Die Gleichungen

$$u = \frac{d_\mathrm{I}}{d_\mathrm{II}}; \qquad d_\mathrm{I} + d_\mathrm{II} = 2\,A \tag{2 u. 7}$$

lassen sich zusammenfassen in

$$u = \frac{2\,A - d_\mathrm{II}}{d_\mathrm{II}} \quad \text{oder umgeformt} \quad \frac{1 - \left(\dfrac{d_\mathrm{II}}{A} - 1\right)}{1 + \left(\dfrac{d_\mathrm{II}}{A} - 1\right)} = \frac{1 - d'}{1 + d'}$$

---

[1] A d l e r , F.: Dissertation. TH Hannover 1907.
[2] Vgl. hierzu das Vorgehen von B e n n e d i k ZVDI 1930, S. 1057.

$$\text{wenn } d' = \frac{d_\mathrm{II}}{A} - 1 \text{ gesetzt wird.}$$

Logarithmiert man, so ergibt sich

$$-\ln u = \ln\frac{1+d'}{1-d'} = 2 \operatorname{Ar} \operatorname{Tg} d'$$

$$\text{also: } d' = \operatorname{Tg}\left(-\frac{1}{2}\ln u\right) = \operatorname{Tg}\left(-\frac{2,3}{2}\lg u\right)$$

$$d_\mathrm{II} = A\left[1 + \operatorname{Tg}\left(-\frac{2,3}{2}\lg u\right)\right] \tag{10a}$$

Das ist die analytische Form für die Radgrenzkurve; sie schreibt vor, daß man in Textabb. 3 u als Abszisse logarithmisch auftragen muß ($\lg u$) und zwar in entsprechendem Maßstab $\left(\dfrac{2,3}{2}\right)$ mit nach rechts hin immer kleiner werdenden Werten (das negative Vorzeichen). Dann erhält man als Kurve für d_II den hyperbolischen Tangens (Tg), der an sich die beiden Ordinaten $+1$ und -1 als Asymptoden hat. Die Hinzufügung der Einheit $+1$ bedeutet, daß die u n - t e r e Asymptode (-1) zur neuen Abszissenachse für d_II wird.

Für die genauen Werte der hyperbolischen Tangenskurve gibt es ausführliche Tabellen (z. B. Hütte 25, I, S. 30). Auch an Hand dieser Tabellen könnte man die Durchmesserwerte aus den gegebenen Übersetzungsverhältnissen und zwar genau errechnen, so genau wie an Hand der Gleichungen (9). Ein solches Vorgehen wäre weit empfehlenswerter als die Benutzung der graphischen Kurve. Es ist aber heute ohne Bedeutung, weil man für die Normübersetzungen der Drehzahlnormung die viel einfachere Abb. 18 auf Tafel II zur Verfügung hat, die auf einfachere Weise an Hand der Gleichungen (9) errechnet ist und die Durchmesserwerte der Radgrenzkurve für alle in Frage kommenden Normübersetzungen enthält.

Aber die Kenntnis von der Übereinstimmung der Radgrenzkurve mit der Kurve des hyperbolischen Tangens ist insofern wertvoll, als sie eine sehr wesentliche Gesetzmäßigkeit mathematisch aufklärt, nämlich die Tatsache, daß eine geometrische Drehzahlreihe mit sehr großer Annäherung durch eine arithmetische Durchmesserstufung erzeugt wird (vor allem innerhalb des Übersetzungsbereiches von etwa 2:1 über 1:1 bis 1:2).

Dies beruht darauf, daß die Kurve des hyperbolischen Tangens in der Nähe von Null (entspricht dem Übersetzungsverhältnis 1:1 bei der Radgrenzkurve) sehr angenähert durch eine Gerade ersetzt werden kann. Abb. 4 im Text soll das verdeutlichen. In dieser Abbildung sind zwei Näherungsgraden eingezeichnet, eine Tangente an die Radgrenzkurve im Punkte

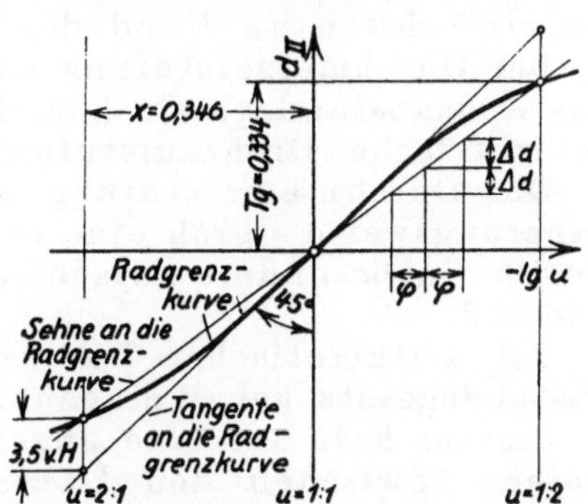

Abb. 4. Näherung der Radgrenzkurve durch Tangente oder Sehne.

1:1 und eine Sehne vom Punkte 2:1 über Punkt 1:1 zum Punkte 1:2. Die Tangente ergibt nur unmittelbar in der Umgebung des Übersetzungsverhältnisses 1:1 sehr genaue Übereinstimmung mit der Kurve, die Sehne hat dagegen den Vorteil, daß außerdem auch in der Nähe der Übersetzungsverhältnisse 2:1

und $1:2$ sehr genaue Übereinstimmung vorhanden ist. Die Gleichungen für beide Näherungsgeraden heißen:

$$\text{Tangente:} \quad d_{II} = A\left(1 - \frac{2,3}{2}\,\lg u\right) \tag{10 b}$$

$$\text{Sehne:} \quad d_{II} = A\left(1 - 0,965 \cdot \frac{2,3}{2}\,\lg u\right)^1 \tag{10 c}$$

Daß durch jede solche Näherungsgerade tatsächlich der Zusammenhang zwischen geometrischer Drehzahlstufung und arithmetischer Durchmesserstufung graphisch zum Ausdruck gebracht wird, kann man z. B. an Hand der dargestellten Sehne nachweisen. Bei geometrischer Drehzahlstufung ist der Stufensprung φ, d. h. das Verhältnis zweier aufeinanderfolgenden Drehzahlen und ebenso zweier aufeinanderfolgenden Übersetzungsverhältnisse konstant. Da nun in der Radgrenzkurve die Übersetzungsverhältnisse logarithmisch aufgetragen sind, entsteht durch konstantes φ eine gleichmäßige Teilung auf der Abszisse. Das bedeutet aber auch, wie Textabb. 4 zeigt, eine gleichmäßige Teilung für die Ordinate, d. h. die Differenz aufeinanderfolgender Durchmesser $\varDelta d$ ist konstant, es liegt eine arithmethische Durchmesserstufung vor. Die Größe der Stufenkonstanten $\varDelta d = d_1 - d_2 = d_2 - d_3$ usw. für die arithmetische Durchmesserstufung läßt sich aus Stufensprung φ und Achsabstand A aus Gleichung (10 b) bzw. (10 c) errechnen. Sie ist

bei Näherung durch die Tangente

$$d_1 - d_2 = A\,\frac{2,3}{2}\,\lg \varphi = A \cdot 1,15 \cdot \lg \varphi \tag{11}$$

bei Näherung durch die Sehne

$$d_1 - d_2 = A \cdot 0,965 \cdot \frac{2,3}{2}\,\lg \varphi = A \cdot 1,11 \cdot \lg \varphi \tag{12}$$

Von diesen Gleichungen werden wir bei der Ausrechnung der Zähnezahlen Gebrauch machen.

Als Ergebnis können wir niederlegen:

Getriebe für geometrische Drehzahlreihen, bei denen die Durchmesserpaare zwischen beiden Wellen gleiche Durchmessersumme aufweisen müssen, sind nach der Radgrenzkurve zu stufen. Für Getriebe nach Drehzahlnormung errechnet sich diese Stufung am einfachsten an Hand der Abb. 18 auf Tafel II.

Bei Durchmesserstufung nach der Radgrenzkurve wird sowohl das Achsabstandsgesetz (gleiche Durchmessersumme) als auch die geometrische Drehzahlstufung genau eingehalten.

Die Durchmesserstufung nach der Radgrenzkurve kann man näherungsweise durch eine arithmitische Durchmesserstufung ersetzen, insbesondere zwischen den Übersetzungsverhältnissen $2:1$ und $1:2$.

Bei arithmetischer Durchmesserstufung wird zwar das Achsabstandsgesetz genau eingehalten, hingegen bilden die Drehzahlen in diesem Fall nur eine angenäherte, keine genaue geometrische Reihe. (Zwischen den Übersetzungsverhältnissen $2:1$ und $1:2$ sind die Drehzahlabweichungen von der genauen geometrischen Reihe jedoch niedriger als $\pm 1\%$).

Bei arithmetischer Durchmesserstufung entsteht bei den Getrieben mit gleicher Durchmessersumme keinesfalls, wie man irrtümlich vermuten könnte, eine arithmetische Drehzahlreihe.

---

^{1} $0,965 = 1,00 - 0,035$; $100\% - 3,5\%$. Siehe Textabb. 4.

c) Stufenscheibenantrieb und Stufenräder mit Zwischenrad.

Der Stufenscheibenantrieb nimmt insofern eine Zwischenstellung zwischen beiden behandelten Gruppen ein, als er unter gewissen Umständen — wenn der Abstand beider Wellen genügend groß ist —ohne Rücksicht auf das Achsabstandsgesetz durchgebildet werden kann, während bei kleinerem Abstand dieses Gesetz beachtet werden muß, damit die Riemenlänge auf allen Stufen konstant bleibt.

Wir betrachten zunächst die Getriebe mit größerem Abstand. Was unter „größerem" und „kleinerem" Abstand zu verstehen ist, werden wir aus den durchgerechneten Beispielen am Schluß dieses Abschnittes erkennen.

Die Übersetzungsverhältnisse für den vierstufigen Stufenscheibenantrieb nach Abb. 1 auf Tafel I lauten beispielsweise:

$$u_1 = \frac{d_1}{d_4'}; \qquad u_2 = \frac{d_2}{d_3'}; \qquad u_3 = \frac{d_3}{d_2'}; \qquad u_4 = \frac{d_4}{d_1'} \tag{13}$$

Für den allgemeinen Fall einer beliebigen Drehzahlstufung läßt sich hier für die Durchmesserstufung kein einfaches, leicht merkbares Gesetz angeben, dagegen kommt man für die geometrische Stufung wiederum zu einer einprägsamen Lösung. Infolge des Grundgesetzes für den Aufbau erhält man in diesem Fall aus Gleichungen (13) die Gleichungen:

$$\varphi \frac{d_2}{d_3'} = \frac{d_1}{d_4'}; \qquad \varphi \frac{d_3}{d_2'} = \frac{d_2}{d_3'}; \qquad \varphi \frac{d_4}{d_1'} = \frac{d_3}{d_2'}, \tag{14}$$

bei denen man die erste und letzte Gleichung noch mit Hilfe der mittleren Gleichung in

$$\varphi^3 \cdot \frac{d_4}{d_1'} = \frac{d_1}{d_4'} \tag{15}$$

zusammenfassen kann.

Betrachten wir zunächst den häufigsten Fall, daß beide Stufenscheiben einander gleich sind,

$$d_1 = d_1'; \qquad d_2 = d_2'; \qquad d_3 = d_3'; \qquad d_4 = d_4', \tag{16}$$

so ergeben die Gleichungen (14) und (15) durch entsprechende Umformung

$$d_2 = d_3 \cdot \sqrt{\varphi} \quad \text{und} \quad d_1 = d_4 \cdot (\sqrt{\varphi})^3 \tag{17}$$

An und für sich ist damit noch keine notwendige Beziehung zwischen d_1 und d_2 bzw. d_3 und d_4 gegeben. Am einfachsten wird man aber eine geometrische Stufung mit dem Sprung $\sqrt{\varphi}$ für sämtliche Scheibendurchmesser wählen,

$$d_1 = d_2 \cdot \sqrt{\varphi}; \qquad d_2 = d_3 \cdot \sqrt{\varphi}; \qquad d_3 = d_4 \cdot \sqrt{\varphi} \tag{18}$$

In dieser gesetzmäßigen Durchbildung sind beide notwendigen Bedingungen (17) eingeschlossen.

Sind die beiden Stufenscheiben nicht einander gleich, so kann man die geometrische Stufung für jede Stufenscheibe einzeln anwenden.

$$\begin{aligned} d_1 &= d_2 \cdot \sqrt{\varphi}; & d_2 &= d_3 \cdot \sqrt{\varphi}; & d_3 &= d_4 \cdot \sqrt{\varphi} \\ d_1' &= d_2' \cdot \sqrt{\varphi}; & d_2' &= d_3' \cdot \sqrt{\varphi}; & d_3' &= d_4' \cdot \sqrt{\varphi} \end{aligned} \tag{19}$$

und erfüllt dadurch die Gleichungen (14). Wie man leicht nachweisen kann, läßt sich diese Stufung auch bei beliebigen anderen Stufenzahlen (drei oder fünf) anwenden. Wir können daher den Satz aussprechen:

Eine geometrische Drehzahlreihe wird beim Stufenscheibengetriebe stets dann erzeugt, wenn man die Durchmesser jeder Stufenscheibe mit der Wurzel des Stufensprunges der Drehzahlreihe geometrisch stuft.

Auf Grund dieses einfachen Satzes ist im Anschluß an die Drehzahlnormung der Vorschlag gemacht worden, auch die Stufenscheiben von Werkzeugmaschinen zu normen[1]. Der Vorschlag sieht normale geometrisch gestufte Einzeldurchmesser vor, von denen drei, vier oder fünf zu einer Stufenscheibe zusammengefaßt werden.

Allerdings kommt man mit einer Durchmesserreihe mit dem Sprung 1,12 wie der Transmissionsbau nicht mehr aus. Denn um die Reihe 1,12 zu erzeugen, müssen die Stufenscheiben bereits mit dem Sprung 1,06 gestuft sein; wollte man gar die Reihe 1,06 erzeugen, so müßte der Sprung 1,03 betragen. Eine so feine Stufung hat aber keinen Zweck, da die Reihe 1,06 für Stufenscheibengetriebe nicht vorkommen wird. Auch auf die Erzeugung der Reihe 1,12 mit Stufenscheibengetrieben könnte man verzichten und somit auf die eingefügten Durchmesser mit dem Sprung 1,06, wenn man diese Durchmesser nicht gleichzeitig auch zur Erzeugung der Reihe 1,41 brauchte, die eine große praktische Bedeutung besitzt.

Denn $$\sqrt{1,41} = 1,18 = 1,06^3$$

d. h. bei Stufenscheiben für die Reihe 1,41 ist in Tafel II Abb. 17 immer der dritte Durchmesser (z. B. 141, 168, 200) auszuwählen. Diese Abbildung enthält also praktisch alle für die geometrische Stufung der Stufenscheiben zur Erzeugung von Normdrehzahlen nötigen Durchmesserwerte und ist geeignet als Normvorschlag für die Stufenscheibendurchmesser von Werkzeugmaschinen.

Bei kleinerem Abstand beider Wellen steht dieser einfachen Lösung allerdings folgendes Bedenken entgegen: Damit der Riemen beim Verschieben von einer Stufe zur nächsten keine unzulässige Längenänderung gegenüber seiner ursprünglichen Länge erfährt, hat man darauf zu achten, daß die Riemenlänge auf sämtlichen Stufen praktisch einander gleich ist. Mit ausreichender Näherung ist dies dann erfüllt, wenn jedes zusammengehörige Durchmesserpaar die gleiche Summe aufweist:[2]

$$d_1 + d_4' = d_2 + d_3' = d_3 + d_2' = d_4 + d_1' \qquad (20)$$

Diese Bedingung entspricht dem Achsabstandsgesetz (Gleichung 7). Sie bedeutet, daß bei gleicher Riemenlänge die Scheibendurchmesser entweder an Hand der Abb. 18 auf Tafel II errechnet werden müssen, oder näherungsweise durch arithmetische Unterteilung der beiden Grenzdurchmesser, indem man die Radgrenzkurve durch eine entsprechende Sehne ersetzt.

Um ein Bild von der Größe der Riemendehnung und dem Unterschied der sich ergebenden Stufenscheibendurchmesser bei den verschiedenen Berechnungsmöglichkeiten zu vermitteln, wollen wir zwei Beispiele betrachten:

Erstes Beispiel: Zwei vierstufige, gleiche Stufenscheiben für Reihe 1,26 mögen bei geometrischer Durchmesserstufung folgende Durchmesser erhalten: . . . . . 158, 178, 200, 224 mm (entnommen aus Tafel II Abb. 17)

Bei arithmetischer Durchmesserstufung würde sich ergeben: . . . . 158, 180, 202, 224 mm (arithmetischer Unterteilung der Grenzwerte 158 und 224)

und bei Stufung nach der Radgrenzkurve: . . . . 158, 180, 202, 224 mm (errechnet nach Tafel II Abb. 18 aus der Durchmessersumme $2A = 158 + 224 = 382$ mm)

also die gleichen Werte wie bei arithmetrischer Stufung, so genau ist hier die Näherung der Radgrenzkurve durch eine entsprechende Sehne.

---

[1] P a n z e r , R.: Einzelheiten über die Drehzahlnormung im Werkzeugmaschinenbau. WT 1928, S. 431, Abb. 16 u. 17.

[2] Nach H ü t t e , 25. Aufl., Bd. II, S. 239 ist diese Annäherung bis herunter zu einem Abstand beider Wellen von $A_R = 10 \, (d_g - d_k)$ zulässig (d_g = größter, d_k = kleinster Durchmesser der beiden Stufenscheiben).

Bei einem Abstand der Scheibenmitten von nur einem Meter würde die Riemendehnung bei Verwendung geometrischer Scheibenstufung — wie man leicht nachrechnen kann — nur 0,23% beim Übergang von einer mittleren zu einer äußeren Riemenlage betragen, bei 2 m Abstand sogar nur 0,13%. Die geometrische Stufung ist hier bis zu Wellenabständen von weniger als 1 m anwendbar, denn die auftretenden geringen Längenänderungen des Riemens dürften praktisch ohne Bedeutung sein. Zum Teil sind sie allerdings eine Folge davon, daß in Abb. 17 der Tafel II genauere Durchmesserwerte angegeben wurden als in DIN 111. Würde man die gleichen Abrundungen wie in DIN 111 wählen, so würden bei ungünstigem Zusammentreffen größere prozentuale Längenänderungen entstehen, die manchmal das praktisch zulässige Maß überschreiten dürften.

Bei den beiden anderen Scheibenstufungsarten ist die Riemendehnung praktisch stets gleich Null.

Zweites Beispiel: Zwei gleiche vierstufige Scheiben zur Erzeugung der Reihe 1,58 mit folgenden Durchmessern:

   bei geometrischer Scheibenstufung: 141, 178, 224, 282 mm
   bei arithmetrischer Scheibenstufung: 141, 188, 235, 282 mm
   bei Stufung nach der Radgrenzkurve: 141, 187, 236, 282 mm.

Bei beiden letzten Stufungsarten ist ein geringer Unterschied zwischen den entsprechenden mittleren Durchmessern bemerkbar, dagegen ist dieser Unterschied beider Stufungsarten gegenüber der geometrischen Scheibenstufung erheblich. Die Riemendehnung überschreitet bei geometrischer Scheibenstufung hier bei kürzeren Wellenabständen das zulässige Maß. Sie beträgt 1,25% bei 1 m Abstand und sinkt bei 2 m Abstand erst bis auf 0,71% herunter. Hier dürfte die geometrische Scheibenstufung erst bei noch größeren Abständen zulässig sein.

Als Ergebnis dieses Abschnittes können wir folgendes niederlegen:

Eine Normung der Stufenscheibendurchmesser für Werkzeugmaschinen in Anlehnung an die Drehzahlnormung ist allgemein und in einfacher Weise auf Grund geometrischer Durchmesserstufung möglich. Es empfiehlt sich dabei, möglichst genaue Durchmesserwerte zu normen (Vorschlag Tafel II Abb. 17).

Die geometrische Durchmesserstufung der Stufenscheiben läßt sich nicht vereinbaren mit der Forderung gleicher Riemenlänge auf allen Stufen. Doch nehmen die prozentualen Längenänderungen beim Übergang von einer inneren zu einer äußeren Stufe erst bei großen Sprüngen und kurzem Abstand beider Scheiben erhebliche Werte (um 1%) an.

Die **geometrische** Durchmesserstufung erzeugt auf sämtlichen Stufen bei Verwendung genauer Durchmesserwerte genaue Drehzahlwerte, aber höchstens auf je zwei Stufen eine gleiche Riemenlänge, die **arithmetische** Durchmesserstufung besitzt auf sämtlichen Stufen die gleiche geforderte Riemenlänge, aber höchstens auf drei Stufen (bei gleichen Stufenscheiben mit ungerader Stufenzahl) die völlig genauen Drehzahlwerte (allerdings sind die Abweichungen gering), die **Stufung nach der Radgrenzkurve** ergibt auf sämtlichen Stufen genaue Drehzahlen bei gleicher Riemenlänge.

Die Stufung nach der Radgrenzkurve empfiehlt sich überall dort, wo man eine geometrische Stufung wegen zu großer Riemendehnung nicht verantworten will, zumal sie bei Verwendung der Tabelle (Abb. 18 auf Tafel II) rechnerisch nicht die geringsten Schwierigkeiten macht.

Auf die Analogie des Doppelrädersatzes mit einschwenkbarem Zwischenrad mit dem Stufenscheibenantrieb ist bereits hingewiesen worden (S. 4). Die beiden Rädersätze lassen sich gleichfalls geometrisch, arithmetisch oder nach der

Radgrenzkurve stufen, wenn nur die einzelnen Stellungen des Zwischenrades so durchgebildet sind, daß ein einwandfreier Zahneingriff gewährleistet wird. Der Achsabstand von treibender und getriebener Welle sowie die Größe des einschwenkbaren Zwischenrades wird durch konstruktive Rücksichten bestimmt.

6. Zähnezahlrechnung.

Mit Hilfe der Gesetze der Durchmesserrechnung sind die Getriebe mit Riemenscheiben als Grundelemente (Abb. 1 und 2 auf Tafel I) bereits so zu berechnen, daß sie die gewünschten Drehzahlen an der getriebenen Welle erzeugen. Bei den Getrieben mit Zahnrädern genügt dagegen die Rücksicht auf die gesetzmäßige Stufung der Teilkreisdurchmesser allein noch nicht, vielmehr muß hier die Bestimmung der günstigsten Zähnezahlen das Endziel der Rechnung sein. Die Zähnezahl eines Rades kann stets nur eine ganze Zahl sein, also sind auch für die Übersetzungsverhältnisse zweier kämmender Räder nur ganz bestimmte Werte möglich, im Gegensatz zu einem Übersetzungsverhältnis zwischen zwei Riemenscheiben, das auf jeden beliebigen Wert gebracht werden kann, da die Scheibendurchmesser jede beliebige Größe erhalten können. Bei den Rädergetrieben liegt daher die Aufgabe vor, die Zähnezahlen so zu bestimmen, daß die Übersetzungsverhältnisse nach der Drehzahlnormung (Tafel II, Abb. 16) möglichst genau erreicht werden.

a) Getriebe ohne unmittelbaren Zusammenhang der Durchmesser.

Bei allen Rädergetrieben dieser Gruppe müssen sämtliche Räder ein und desselben Getriebes gleichen Modul aufweisen, da die beiden Räder der Schwinge dauernd in Eingriff sind und das Zwischenrad in der Schwinge mit sämtlichen Rädern des Stufensatzes in Eingriff gebracht werden soll. Die Zähnezahlen der Räder dieser Getriebe verhalten sich also genau wie ihre Durchmesser, denn es ist

$$d_1 = m \cdot z_1, \qquad d_2 = m \cdot z_2, \qquad d_3 = m \cdot z_3 \text{ usw.} \tag{21}$$
$$(m = \text{Modul}, \; z = \text{Zähnezahl})$$

also auch

$$\frac{d_1}{d_2} = \frac{z_1}{z_2}, \qquad \frac{d_2}{d_3} = \frac{z_2}{z_3} \text{ usw.} \tag{22}$$

Bei geometrischer Drehzahlstufung müssen die Durchmesser dieser Getriebe geometrisch gestuft werden. Das gleiche gilt auch für die Zähnezahlen und wir können den Satz aussprechen:

Die Zähnezahlen eines Getriebes mit Schwinge und Stufenrädersatz müssen eine geometrische Reihe mit dem gleichen Stufensprung wie die Drehzahlreihe bilden.

Für Normdrehzahlen sind solche Getriebe daher sehr einfach zu berechnen. Man wählt sich aus den Werten der Abb. 17 auf Tafel II eine dem geforderten Stufensprung entsprechende und konstruktiv günstige Reihe aus und bildet die Zähnezahlen durch entsprechende Rundungen.

Beispiel: Fünffacher Stufenrädersatz zur Erzeugung der Reihe 1,26; niedrigste Zähnezahl aus Gründen eines günstigen Zahneingriffes gewählt zu

$$z_1 = 20.$$

Da in jedem Zehnerabschnitt in Abb. 17 auf Tafel II die gleichen Zahlen vorhanden sind, kann man die übrigen Zähnezahlen aus dieser Abbildung dadurch entnehmen, daß man von 200 ausgehend je drei Zahlen überspringt, die so erhaltenen Werte durch 10 teilt und auf ganze Werte rundet. Auf diese Weise erhält man in unserem Beispiel:

$$z_2 = 25 \text{ (aus 251)}, \quad z_3 = 32 \text{ (aus 316)}, \quad z_4 = 40, \quad z_5 = 50.$$

b) Getriebe mit gleicher Durchmessersumme.

1. Die günstigsten Zähnezahlsummen für Drehzahlnormung.

Für die Getriebe mit gleicher Durchmessersumme gibt es eine Rechnungsweise, um die kleinste Zähnezahlsumme für bestimmte Übersetzungsverhältnisse aufzufinden[1]. Sie gestaltet sich besonders einfach, wenn man auch hier sämtliche Räder mit gleichem Modul ausführt. Die größeren Zahnkräfte an den kleineren Rädern der treibenden Welle bei gleicher durchgeschickter Leistung kann man durch Vergrößerung der Radbreite an Stelle von Vergrößerung des Moduls aufnehmen, falls überhaupt eine Änderung der verschiedenen Räderpaare mit Rücksicht auf die verschiedenen Kräfte nötig sein sollte.

Bei gleichem Modul errechnet man nach der Generalnennermethode die kleinstmögliche Zähnezahlsumme dadurch, daß man die Übersetzungsverhältnisse zunächst als Bruch ausdrückt und sodann die Summe von Zähler und Nenner bildet, z. B.

$$u = 1:1{,}26 \approx \frac{4}{5}; \quad 4 + 5 = 9.$$

Denn es gilt der Satz:

Sollen zwei Zahnräder ein Übersetzungsverhältnis $\frac{a}{b}$ bilden, so muß ihre Zähnezahlsumme durch $a + b$ teilbar sein.

Dabei ist zu beachten, daß diese Summe $(a + b)$ möglichst keine hohen Primzahlen enthält, damit bei mehreren Übersetzungsverhältnissen der ,,Generalnenner'', d. h. in unserem Fall die ,,kleinste Zähnezahlsumme'' nicht zu hoch wird; z. B. wäre ungünstig

$$u = 1:1{,}58 \approx \frac{5}{8}; \quad 5 + 8 = 13 \text{ (hohe Primzahl)}.$$

Besser ist in diesem Fall

$$u = 1:1{,}58 \approx \frac{7}{11}; \quad 7 + 11 = 18 = 2 \cdot 3 \cdot 3.$$

In ähnlicher Weise wie bei der Ermittlung des Generalnenners bei der Bruchrechnung sucht man nun diejenige Zahl auf, die sämtliche Summen als Faktoren erhält.

Auf die Übersetzungsverhältnisse der Drehzahlnormung zwischen 1:1 und 1:2 angewendet, führt diese Rechnungsart zu folgendem Ergebnis:

Bei der Reihe 1,26 können als wichtigste Übersetzungen gelten: 1:1; 1:1,26; 1:1,58 und 1:2.

Man bildet:

$$
\begin{aligned}
1:&\ 1; & 1 + 1 &= \ 2 = 2 \\
4:&\ 5; & 4 + 5 &= \ 9 = 3 \cdot 3 \\
7:&11; & 7 + 11 &= 18 = 2 \cdot 3 \cdot 3 \\
1:&\ 2; & 1 + 2 &= \ 3 = 3 \\
\hline
& & & 2 \cdot 3 \cdot 3 = 18.
\end{aligned}
$$

Als Zähnezahlsumme für die kämmenden Räder wählt man daher am besten Vielfache von 18, z. B. 54. Die Zähnezahlen werden in diesem Fall:

$$27:27; \quad 24:30; \quad 21:33; \quad 18:36.$$

---

[1] Steinitz, O.: WT 1928, S. 604.

Wir sehen, daß Zähnezahlsummen, die Vielfache der Zahl 18 bilden, besonders günstig für Getriebe nach der Reihe 1,26 sind.

In ähnlicher Weise findet man, daß für viele Stufungen nach der Reihe 1,41 die Vielfachen von 12 besonders günstige Zähnezahlsummen darstellen. Es ist nämlich:

$$
\begin{aligned}
1:1 \quad &;\quad 1:1; \quad 1+1 = \;\;2 = 2 \\
1:1,41 &;\quad 5:7; \quad 5+7 = 12 = 2 \cdot 2 \cdot 3 \\
1:2 \quad &;\quad 1:2; \quad 1+2 = \;\;3 = \underline{\qquad 3} \\
& \qquad\qquad\qquad\qquad\quad 2 \cdot 2 \cdot 3 = 12.
\end{aligned}
$$

Die Zahlen 18 und 12 sind in 36 enthalten. Wählt man daher Vielfache von 36, so kann man folgende Übersetzungsverhältnisse der Drehzahlnormung ausreichend genau erhalten:

$$ 1:1; \quad 1:1,26; \quad 1:1,41; \quad 1:1,58; \quad 1:2. $$

Dies sind aber mit Auslassung der Übersetzungsverhältnisse $1:1,12$ und $1:1,78$ die wichtigen Übersetzungsverhältnisse der Drehzahlnormung zwischen $1:1$ und $1:2$. Auch diese beiden fehlenden Übersetzungen lassen sich einreihen:

$$
\begin{aligned}
1:1,12 &= 17:19; \quad 17 + 19 = 36 \\
1:1,78 &= 13:23; \quad 13 + 23 = 36.
\end{aligned}
$$

Wählt man als Zähnezahlsumme $2 \cdot 36 = 72$, so ergeben sich für die sieben Normübersetzungen mit dem Sprung 1,12 zwischen $1:1$ und $1:2$ folgende Zähnezahlen:

$$
\begin{aligned}
1:1 &= 36:36; \quad 1:1,12 = 34:38; \quad 1:1,26 = 32:40; \quad 1:1,41 = 30:42; \\
1:1,58 &= 28:44; \quad 1:1,78 = 26:46; \quad 1:2 = 24:48.
\end{aligned}
$$

Um diese sieben Übersetzungen zu erfüllen, sind also Räder mit folgenden 13 verschiedenen Zähnezahlen nötig:

$$ 24;\ 26;\ 28;\ 30;\ 32;\ 34;\ 36;\ 38;\ 40;\ 42;\ 44;\ 46;\ 48. $$

Diese Zähnezahlen bilden eine arithmetische Reihe mit der Stufenkonstanten 2.

Wie bei der arithmetischen Durchmesserstufung der Stufenscheiben beruht auch dieses beachtenswerte Ergebnis, die arithmetische Stufung der Zähnezahlen zur Erzeugung einer geometrischen Drehzahlreihe, auf der Verwendung einer Näherungsgeraden als Sehne zwischen $u = 2:1$ und $u = 1:2$ durch die Radgrenzkurve (Textabb. 4). Wie wir im vorhergehenden Abschnitt gesehen haben, können hierbei nur drei Übersetzungsverhältnisse völlig genau sein: $2:1$; $1:1$ und $1:2$, die übrigen Zähnezahlpaare ergeben stets etwas zu niedrige Drehzahlen, wenn man sie ins Schnelle, etwas zu hohe Drehzahlen, wenn man sie ins Langsame arbeiten läßt.

Als Gleichung für die Sehne durch die Radgrenzkurve zwischen $2:1$ und $1:2$ hatten wir oben angegeben:

$$ d_{\mathrm{II}} = A \left(1 - 0{,}965 \cdot \frac{2{,}3}{2} \lg u \right) \qquad\qquad (10\,\mathrm{c}) $$

und als Gleichung für die Stufenkonstante der entsprechenden arithmetischen Durchmesserstufung:

$$ d_1 - d_2 = A \cdot 1{,}11 \lg \varphi \qquad\qquad (12) $$

Aus Gleichung (12) lassen sich nun die günstigsten Zähnezahlsummen gleichfalls ableiten.

Dividiert man beide Seiten dieser Gleichung durch den Modul m, so entsteht die neue Gleichung

$$ \frac{d_1}{m} - \frac{d_2}{m} = z_1 - z_2 = \frac{A}{m} \cdot 1{,}11 \cdot \lg \varphi. \qquad\qquad (23) $$

In dieser Gleichung bedeuten z_1 und z_2 die Zähnezahlen zweier Räder auf der gleichen Welle, die zwei Räderpaaren angehören, zwischen deren Übersetzungen der Sprung φ liegt, $\frac{A}{m}$ (Achsabstand durch Modul) aber ist die halbe Zähnezahlsumme $\frac{Z}{2}$ dieser Räderpaare; löst man Gleichung (23) nach $\frac{2A}{m} = Z$ in Abhängigkeit von der Zähnezahldifferenz $z_1 - z_2$ und dem Sprung φ auf, so erhält man

$$Z = \frac{2}{1,11} \cdot \frac{z_1 - z_2}{\lg \varphi} = 1,8 \cdot \frac{z_1 - z_2}{\lg \varphi} \qquad (24)$$

Die Werte für $\lg \varphi$ bei den sechs Stufensprüngen der Drehzahlnormung zeigt Abb. 19 auf Tafel II. Für die Reihe 1,26 beträgt beispielsweise $\lg \varphi = 0,1$, d. h. die Zähnezahlsumme Z wird

$$Z = 1,8 \cdot \frac{z_1 - z_2}{0,1} \qquad (24\,\text{a})$$

Die niedrigste Zähnezahlsumme liegt dann vor, wenn der Unterschied zwischen benachbarten Rädern einen einzigen Zahn beträgt, also für $z_1 - z_2 = 1$. Für die Reihe 1,26 ist dies der Fall bei

$$Z = 1,8 \cdot \frac{1}{0,1} = 18 \text{ Zähnen}, \qquad (24\,\text{b})$$

für die Reihe 1,41 bei

$$Z = 1,8 \cdot \frac{1}{0,15} = 12 \text{ Zähnen}, \qquad (24\,\text{c})$$

bei der Reihe 1,06 bei

$$Z = 1,8 \cdot \frac{1}{0,025} = 72 \text{ Zähnen}. \qquad (24\,\text{d})$$

Wie wir im Abschnitt über Anordnungen gesehen haben, muß der Unterschied in der Zähnezahl bei Schieberadanordnung in den meisten Fällen mindestens vier Zähne betragen, damit die Räder aneinander vorbeibewegt werden können. Wo diese Bedingung einzuhalten ist, muß z. B. bei der Reihe 1,41 die Zähnezahlsumme mindestens

$$Z = 1,8 \cdot \frac{4}{0,15} = 48 \text{ Zähne} \qquad (24\,\text{e})$$

betragen.

In der Nähe der Übersetzung 1 : 1 kann man die Radgrenzkurve anstatt durch die Sehne durch die Tangente nähern. Dadurch treten an Stelle der Gleichungen (23) und (24) die in der Konstanten geänderten Gleichungen

$$z_1 - z_2 = \frac{A}{m} \cdot 1,15 \cdot \lg \varphi \qquad (25)$$

und

$$Z = 1,74 \cdot \frac{z_1 - z_2}{\lg \varphi} \qquad (26)$$

Daraus würde sich beispielsweise bei der Reihe 1,26 als Zähnezahlsumme für $z_1 - z_2 = 4$

$$Z = 1,74 \cdot \frac{4}{0,1} = 69,6 \approx 70 \qquad (26\,\text{a})$$

ergeben, also folgende Zähnezahlen bei den wichtigen Normübersetzungsverhältnissen:

$$
\begin{array}{llll}
1:1 & ; & 35:35 \text{ anstatt} & 36:36 \\
1:1,26; & 31:39 & \text{,,} & 32:40 \\
1:1,58; & 27:43 & \text{,,} & 28:44.
\end{array}
$$

Solchen „unkürzbaren" Zähnezahlen — $\frac{27}{43}$ und $\frac{31}{39}$ haben keinen gemeinsamen Nenner! — wird von vielen Firmen mit Rücksicht auf Geräuschbildung beim Lauf und gutes Einlaufen der Räder der Vorzug vor kürzbaren Zähnezahlen gegeben, da sich bei unkürzbaren Zähnezahlen erst nach sehr vielen Umdrehungen — bei 27 : 43 erst nach 27 Umdrehungen des großen bzw. 43 Umdrehungen des kleinen Rades — wieder die gleichen Zähne aufeinander abwälzen. Abweichungen in der Teilung oder in der Zahnform lassen sich auch bei sorgfältigster Herstellung nie ganz vermeiden, wenn aber das Zusammentreffen der gleichen Abweichungen erst nach längeren Zeiten stattfindet, wird das dadurch verursachte periodische Geräusch angeblich weniger lästig.

Nun ist aber die neuzeitliche Herstellung von Zahnrädern auf einem solchen Stand angelangt, daß sich bei gleichbleibender Belastung, wie sie bei den in Frage kommenden Werkzeugmaschinen vorwiegend auftritt, auch bei kürzbaren Zähnezahlen selbst bei hoher Belastung und hohen Zahngeschwindigkeiten derartige Beanstandungen vermeiden lassen, so daß man unbedenklich auch die für die Drehzahlnormung errechneten „kürzbaren" Werte anwenden kann, die in der Nähe von $u = 2 : 1$ bzw. $1 : 2$ wieder 0 % Abweichung ergeben, während dort die Abweichung bei Verwendung der „unkürzbaren" Werte etwa 3,5 % beträgt.

Einen interessanten Berechnungsweg für die günstigste Zähnezahlsumme hat J. Androuin (Frankreich) angegeben. Er geht von folgender Überlegung aus: Will man zwei Übersetzungsverhältnisse, etwa 1,12 : 1 und 1 : 1,12 zwischen zwei Wellen mit der Zähnezahlsumme Z ausführen, derart daß zwischen den Rädern der gleichen Welle jeweils ein Unterschied von beispielsweise 4 Zähnen besteht, so wird man für die Zähnezahlen der 4 Räder ansetzen:

$$z_1 = \frac{Z}{2} + 2; \qquad z_2 = \frac{Z}{2} - 2; \qquad z_3 = \frac{Z}{2} - 2; \qquad z_4 = \frac{Z}{2} + 2. \tag{27}$$

Daraus können wir beide Übersetzungsverhältnisse bilden zu

$$u_1 = \frac{z_1}{z_2} = \frac{\frac{Z}{2} + 2}{\frac{Z}{2} - 2} = 1,12 : 1 \quad \text{bzw.} \quad u_2 = \frac{z_3}{z_4} = \frac{\frac{Z}{2} - 2}{\frac{Z}{2} + 2} = 1 : 1,12. \tag{28}$$

Durch Auflösung z. B. der ersten dieser beiden identischen Gleichungen nach Z erhalten wir

$$Z + 4 = 1,12\,Z - 4,48$$
$$Z = \frac{8,48}{0,12} = 70,6 \approx 70. \tag{29}$$

Dieser Wert ist um ein geringes größer als der Wert 69,6 nach Gleichung (26 a), da wir mathematisch gesehen uns durch diese Rechnung ebenfalls die Radgrenzkurve nicht durch eine Tangente in 1 : 1 wie bei Gleichung (26 a), sondern gleichsam durch eine Sehne ersetzt haben, die dadurch die Punkte 1,12 : 1 und 1 : 1,12 geht; dies muß einen etwas höheren Z-Wert ergeben. Der Z-Wert wird, wie wir in Gleichung (24 d) gesehen haben, noch höher — 72 —, bei Mittelung der Radgrenzkurve durch eine Sehne von 2 : 1 nach 1 : 2.

Die eben gezeigte Berechnungsart ist besonders geeignet, wenn es sich um Übersetzungen handelt, die nicht in der Nähe von 1 : 1 liegen — beispielsweise 1 : 1,78 und 1 : 2,24. Um die günstigste Zähnezahlsumme bei 4 Zähnen Radunterschied für diese beiden Übersetzungen aufzufinden, muß man ansetzen

$$\frac{z_1}{z_2} = 1 : 1,78 \quad \text{und} \quad \frac{z_3}{z_4} = \frac{z_1 - 4}{z_2 + 4} = 1 : 2,24. \tag{30}$$

Auf diese Weise hat man für die beiden Unbekannten z_1 und z_2, deren Summe Z gesucht ist, zwei Gleichungen erhalten, die man beispielsweise folgendermaßen auflösen kann:

$$z_2 = 1,78 \cdot z_1; \quad z_2 + 4 = 2,24 \ (z_1 - 4)$$
$$1,78 \cdot z_1 = 2,24 \ z_1 - 8,96 - 4$$
$$z_1 = \frac{12,96}{0,46} = 28,2 \approx 28$$
$$z_2 = 1,78 \cdot z_1 = 1,78 \cdot 28,2 = 50,1 \approx 50$$
$$z_3 = z_1 - 4 = 28 - 4 = 24$$
$$z_4 = z_2 + 4 = 50 + 4 = 54$$

Günstigste Zähnezahlsumme in diesem Fall $Z = z_1 + z_2 = z_3 + z_4 = 78$.

Es liegt nahe, auf Grund der gewonnenen Erkenntnisse einen Normungsvorschlag für Zähnezahlen zur Erzeugung von Normdrehzahlen aufzustellen, ähnlich wie dies für die Stufenscheibendurchmesser geschehen ist. Doch soll dieser Gedanke hier nicht weiter verfolgt werden, da hierzu erst noch eine Reihe weiterer Fragen geklärt sein müßte, z. B. ob es wirklich ratsam ist, die an der Maschine tatsächlich entstehenden Drehzahlen stets etwas höher zu legen, als die theoretischen der Drehzahlnormung. Abb. 20 auf Tafel III gibt aber eine Zusammenstellung der „kürzbaren" günstigsten Zähnezahlen zwischen 1 : 1 und 1 : 2 in übersichtlicher Form.

2. Zähnezahlen der Normübersetzungen bei beliebiger Zähnezahlsumme.

Wenn man auch nicht in allen Fällen mit den eben behandelten „günstigsten Zähnezahlen" auskommen wird, so wird ihre Kenntnis beim Entwurf von Getrieben für Drehzahlnormung doch stets von Vorteil sein. Eine in jedem Fall brauchbare Rechenhilfe für den Konstrukteur liegt erst dann vor, wenn er für sämtliche Zähnezahlsummen die Zähnezahlen der beiden kämmenden Räder für alle Normübersetzungen mit einem Blick überschauen kann. Dazu reicht der Rechenstab, selbst in der auf Seite 11 gezeigten Einstellungsart, nicht aus, da man hiermit jeweils nur eine einzige Zähnezahlsumme übersehen kann, beispielsweise die Zähnezahlsumme 72 mit ihrer bekannten Aufteilung 36 : 36, 35 : 37, 34 : 38 usw. Erst eine entsprechende Rechentafel, wie sie dieser Arbeit als Tafel XXXI beiliegt, oder ein entsprechendes Tabellenwerk, wie es in Tafel XXII bis XXX des Anhanges ausgearbeitet wurde, kann diese Aufgabe lösen.

Die Zähnezahltafel[1] (DRGM) zeigt für sämtliche in Frage kommenden Zähnezahlsummen die Zähnezahlen der beiden kämmenden Räder für die Übersetzungen der Drehzahlnormung an. Die Zähnezahlen der beiden kämmenden Räder sind durch senkrechte bzw. waagerechte Geraden, die Zähnezahlsummen durch schräge Geraden und die Übersetzungsverhältnisse durch Strahlen dargestellt, die durch den Nullpunkt der Tafel gehen.

Der Gebrauch gestaltet sich folgendermaßen: Gegeben Zähnezahlsumme, z. B. 72, ferner mehrere, z. B. 4 Übersetzungsverhältnisse zwischen zwei Wellen, die mit dieser Zähnezahlsumme erreicht werden sollen, z. B. 1 : 1; 1 : 1,41; 1 : 2,00; 1 : 2,82, gesucht die Zähnezahlen der erforderlichen 8 Räder. Man sucht den Schnittpunkt des Strahles für jedes der 4 Übersetzungsverhältnisse mit der schrägen Geraden für die Zähnezahlsumme 72 auf. Dann sieht man nach, welcher Schnittpunkt einer waagerechten mit einer senkrechten Geraden jeweils dem betreffenden Schnittpunkt von Übersetzungsstrahl und Summengeraden am nächsten liegt. Die beiden dieser waagerechten bzw. senkrechten Geraden zugeordneten Zähnezahlen bilden die gesuchte Lösung, in unserem Beispiel 36 : 36;

---

[1] Faltblatt Tafel XXXI.

30:42; 24:48; 19:53. Das geforderte Übersetzungsverhältnis wird durch beide Zähnezahlen um so genauer verwirklicht, je näher der Schnittpunkt der betreffenden senkrechten und waagerechten Geraden bei dem Schnittpunkt von Summengeraden und Übersetzungsstrahl liegt. Bei 1:1 und 1:2 fallen beide Schnittpunkte zusammen; das Übersetzungsverhältnis wird in diesem Fall genau erreicht. Bei 1:1,41 und 1:2,82 ist dagegen, wie oben theoretisch begründet, eine kleine Abweichung vorhanden. Der Schnittpunkt der waagerechten und senkrechten Geraden liegt etwas nach der Richtung des vorangegangenen Übersetzungsverhältnisses hin. In beiden Fällen ist die Abweichung etwa 1%, was man dadurch abschätzen kann, daß man sich die Abstände zwischen zwei Übersetzungsstrahlen auf der betreffenden Summengeraden in 6 gleiche Teile teilt. Jeder solche Teil stellt ein Maß für die Abweichungsgröße 1% dar.

Bei der Zähnezahlsumme 72 wußten wir aus den vorangegangenen Ableitungen, daß es eine für die Normübersetzungen günstige Zähnezahlsumme sein muß. Ein weiteres Beispiel soll erläutern, wie man vorzugehen hat, wenn man für einen schwierigeren gegebenen Fall die geeignete Zähnezahlsumme aufsuchen muß.

Zwischen zwei Wellen seien beispielsweise die Übersetzungen 1:2,51; 1:2,00 und 1:1,58 unterzubringen. Mit Rücksicht darauf, daß man für das kleinste Rad die Zähnezahl 20 nicht unterschreiten will, wählt man für 1:2,51; 20:50. 20 + 50 = 70 ergibt die niedrigste Zähnezahlsumme. Aus konstruktiven Gründen entscheidet man sich dafür, die Zähnezahlsumme 80 nicht zu überschreiten. Auf der Zähnezahltafel sucht man nun diejenige Summengerade zwischen 70 und 80, deren Schnittpunkte mit den drei Übersetzungsstrahlen 1:2,51; 1:2,00 und 1:1,58 am besten mit Schnittpunkten der Geradenscharen für die Zähnezahlen der Räder zusammenfallen. Man findet:

Zähnezahlsumme: 78
Zähnezahlen der Räder: 22:56
26:52
30:48.

Jedes graphische Verfahren bringt eine gewisse Ungenauigkeit mit sich. Deshalb ist, wo angängig, eine Auftragung in Tabellenform anzustreben. Bei Verwendung von Tabellen können sich überdies selbst bei geringer Übung Fehler nur schwer einschleichen. Zum Schluß dieses ersten Teiles soll daher ein Tabellenwerk (Anhang Tafel XXII bis XXX) angefügt werden, aus dem man für jedes Normübersetzungsverhältnis die Zähnezahlen beider Räder für die einzelnen Zähnezahlsummen und zugleich die Anweichung des entstehenden Übersetzungsverhältnisses vom Sollwert entnehmen kann.

Die Handhabung dieser Tafeln bedarf kaum einer Erläuterung. Jeder Spalte ist eine Zähnezahlsumme zugeordnet, jeder Zeile eine Normübersetzung. Wollen wir unser letztes Beispiel mit diesem Tabellenwerk anstatt mit der Rechentafel lösen, so suchen wir in den Spalten für die Zähnezahlsummen 70 bis 80 die betreffenden Zeilen für 1:2,51, 1:2 und 1:1,58 auf und finden bei $Z = 78$

1:2,51 = 22:56 Abweichung — 1,3%
1:2,00 = 26:52   ,,   — 0,2%   (gegenüber dem Genauwert
                                         0,50119 statt 0,50000).
1:1,58 = 30:48   ,,   — 0,9%.

Mit diesen Tafeln ist ein derart übersichtliches und einfaches Hilfsmittel für die Berechnung von Getrieben nach Drehzahlnormung geschaffen, daß es keine Schwierigkeit mehr bieten wird, die wirklichen Drehzahlen auch eines verwickelten Getriebes den Sollwerten der Norm bis auf ± 3% (besser noch + 4, — 2%) anzupassen. Eine größere Abweichung muß im Hinblick auf den Sprung der feinsten Reihe 1,06 als unzulässig angesehen werden, da ja bei dieser Reihe zwischen zwei aufeinanderfolgenden Drehzahlen nur ein Unterschied von 6% besteht. Würde man für die Abweichungen einen größeren Bereich als 6% zulassen, so würden von den wirklichen Drehzahlen des Getriebes die Normwerte der Reihe 1,06 überschritten werden. Damit der Konstrukteur keine Zähnezahlsumme wählt, die zu hohe Drehzahlabweichungen ergibt, sind in den Tafeln nur solche Werte angegeben, die weniger als $\pm$ 1,5% bzw. bei den hohen Übersetzungen weniger als $\pm$ 2% Abweichung bewirken.

Wir haben in diesem Abschnitt gezeigt, wie man bei der Drehzahlrechnung eines Getriebes nach Normdrehzahlen vorzugehen hat, um die größtmögliche Genauigkeit der Drehzahlreihen zu erreichen.

Zweiter Teil.

Die drei- und mehrachsigen durch Hintereinanderschaltung entstandenen Getriebe.

Schaltet man zwei einfache zweiachsige Getriebe derart hintereinander, daß die getriebene Welle des ersten Getriebes zur treibenden Welle des zweiten wird, so entstehen dreiachsige Getriebe, schaltet man in gleicher Weise drei oder mehr einfache zweiachsige Getriebe hintereinander, so entstehen vier- und mehrachsige Getriebe, wie sie bei neuzeitlichen Werkzeugmaschinen vielfach zu finden sind. Diese Getriebe sollen im folgenden Abschnitt durchgesprochen werden.

1. Formen und Anordnungen.

Wir betrachten als Beispiel die Hintereinanderschaltung zweier zweistufiger Getriebe der Schieberadform. Aus zwei Getrieben nach Abb. 3 auf Tafel I entsteht durch Hintereinanderschaltung ein Getriebe nach Abb. 22 auf Tafel IV. Dieses einfachste dreiachsige Getriebe erzeugt an der getriebenen Welle III im ganzen vier Drehzahlen, die wir mit „Enddrehzahlen" bezeichnen wollen, da im ganzen vier verschiedene Übersetzungswege durch das Getriebe einzuschalten sind, nämlich

1. Räder 1, 2, 5, 6	2. Räder 3, 4, 5, 6
3. Räder 1, 2, 7, 8	4. Räder 3, 4, 7, 8.

Ganz allgemein gilt der Satz:

Die Hintereinanderschaltung bewirkt, daß für das Gesamtgetriebe eine Stufenzahl entsteht, die sich durch Multiplikation der Stufenzahlen der hintereinandergeschalteten Teilgetriebe ergibt.

Bei dem betrachteten vierstufigen Getriebe ist: $4 = 2 \cdot 2$. Die Anzahl der Faktoren auf der rechten Seite einer solchen Gleichung soll die Anzahl der Teilgetriebe, der Zahlenwert eines jeden Faktors die Stufenzahl des betreffenden Teilgetriebes bedeuten, die Reihenfolge der Faktoren von links nach rechts soll angeben, wie die einzelnen Stufenzahlen aufeinanderfolgen, wenn man vom Antrieb zur Spindel hin fortschreitet.

Da bei dem Getriebe für $4 = 2 \cdot 2$ Stufen die beiden Teilgetriebe je vier Räder besitzen, werden im ganzen $4 + 4 = 8$ Räder nötig, von denen vier auf der mittleren Welle II und je zwei auf der ersten und letzten Welle I und III aufgebracht sind. Durch geschickte Anordnung kann man die axiale Ausdehnung eines solchen Getriebes verringern, so daß sie kleiner wird als die Summe der axialen Ausdehnungen beider Teilgetriebe. Abb. 23 auf Tafel IV zeigt eine solche Anordnung für das vierstufige Getriebe im Schema.

Man kann an Baubreite dadurch noch weiter sparen, daß man von den vier Rädern der mittleren Welle II zwei Räder in ein einziges zusammenfallen läßt. Dadurch spart man außerdem ein Zahnrad. Das Schema eines solchen vierstufigen Dreiachsgetriebes mit nur sieben Rädern zeigt Abb. 24 auf Tafel IV. Hierbei wird eins der drei Räder auf Welle II sowohl mit einem Rad der Welle I als auch mit einem Rad der Welle III in Eingriff gebracht. Diese drei Räder sind in Abb. 24 gekreuzt schraffiert. Wir wollen ganz allgemein ein Dreiachsgetriebe, bei dem ein oder mehrere Räder auf der Mittelwelle sowohl mit einem Rad der treibenden als auch mit einem Rad der getriebenen Welle zusammenarbeiten, gebundene Getriebe nennen. Ein Getriebe nach Abb. 24 auf Tafel IV, das nur ein doppelt zählendes — gebundenes — Rad aufweist, heißt einfach gebunden. Sind zwei gebundene Räder vorhanden, wie in Abb. 27 auf Tafel IV, so heißt es doppelt gebunden. In ähnlicher Weise kann man Anordnungsbilder für dreifach gebundene Getriebe aufzeichnen usw. Ein Dreiachsgetriebe ohne gebundene Räder (Abb. 22 und 23 auf Tafel IV) heißt ein ungebundenes Getriebe.

Wir erkennen an Hand der Tafel IV, daß jedes gebundene Rad zwei Räder ersetzt, also jede Bindung gegenüber dem ungebundenen Getriebe ein Rad einspart. Die Forderung der größtmöglichen Sparsamkeit verlangt daher möglichst viele Bindungen, weil dadurch möglichst wenig Räder nötig werden. Damit im Widerspruch steht bei den höheren Bindungszahlen die Forderung einer einwandfreien geometrischen Drehzahlreihe. Man kann nachweisen[1], daß ein dreifach gebundenes Getriebe niemals eine saubere geometrische Reihe erzeugen kann. Die mathematischen Beziehungen, die sich aus der dreifachen Bindung ergeben, machen sie unmöglich. Dagegen läßt sich die doppelte Bindung mit der geometrischen Stufung voll in Einklang bringen.

Die Forderung größter Sparsamkeit hat die Verwendung möglichst vieler gebundener Räder nahegelegt. Die Forderung, eine einwandfreie Drehzahlreihe zu erzeugen, verbietet mehr als zwei gebundene Räder. Daher sollte man die doppelt gebundenen Getriebe — wo immer angängig — in weit höherem Maße als bisher verwenden, zumal sich ihr Rechnungsgang, wie wir später sehen werden, infolge der Drehzahlnormung nicht schwieriger gestaltet als bei den übrigen Getriebeformen.

Auf zwei besondere Formen der dreiachsigen einfach gebundenen Getriebe möge hingewiesen werden. Abb. 25 auf Tafel IV zeigt ein Getriebe, dessen erstes Teilgetriebe (Räder 1, 2) nur eine einfache Räderübersetzung ohne Drehzahlvervielfachung bildet. Das zweite Teilgetriebe (Räder 2, 3, 4, 5) ist ein zweistufiges Schieberadgetriebe. Diese Anordnung erzeugt also im ganzen $1 \cdot 2 = 2$ Drehzahlen. Sie ist besonders dann geeignet, wenn zwischen diesen beiden Drehzahlen ein großer Unterschied bestehen muß, da die eine Enddrehzahl über zwei Räderpaare (1,2; 4,5) erreicht wird, so daß sich dadurch ein großes Gesamtübersetzungsverhältnis bilden läßt, ohne daß die Durchmesserunterschiede in dem einzelnen Räderpaar konstruktiv ungünstige Werte anzunehmen brauchen.

Für drei Drehzahlen mit großem Unterschied ist bei einer ausgeführten Konstruktion eine Anordnung nach Abb. 26 auf Tafel IV angewendet worden, bestehend zunächst aus dem gleichen Aufbau wie Abb. 25 der Tafel (Räder 1—5), dann aber noch einem weiteren Räderpaar 6, 7 zwischen Welle I und II, das in der

---

[1] Kryspin-Exner: WT 1925, S. 757.

dritten Schaltstellung in Tätigkeit tritt. Die drei verschiedenen Übersetzungswege durch dieses Getriebe lauten

1. Räder 1, 2, 3;   2. Räder 1, 2, 4, 5;   3. Räder 6, 7, 4, 5.

Bei schärferer Betrachtung wird man in dieser Anordnung das einfach gebundene Getriebe nach Abb. 24, Tafel IV wiedererkennen, das gleichfalls sieben Räder, im ganzen aber vier Drehzahlen aufweist. Bei Abb. 26 ist die Anordnung so gewählt worden, daß die vierte mögliche Drehzahl entsprechend dem Übersetzungsweg durch das Getriebe

4. Räder 6, 7, 2. 3

in Wirklichkeit nicht einschaltbar ist. Der Konstrukteur hat sich hier einer weiteren Drehzahlstufe gleichsam beraubt, da er mit der gleichen Räderzahl ebensogut vier Drehzahlen statt drei hätte erzeugen können, allerdings nicht mehr mit Schieberädern allein auf Welle II wie in Abb. 26, sondern auf den beiden Wellen I und III, wie es in Abb. 24 angedeutet wurde.

2. Aufbau.

a) Die Vervielfachungsmöglichkeit der geometrischen Stufung.

Es entsteht zunächst die Frage, welchen Einfluß die Hintereinanderschaltung mehrerer Teilgetriebe auf die Gesetzmäßigkeit der Drehzahlreihe des Gesamtgetriebes hat. Wir betrachten als Beispiel ein sechsstufiges Getriebe, bestehend aus einem dreistufigen und einem zweistufigen Teilgetriebe (Abb. 5 im Text). Diese Anordnung hat sechs Gesamtübersetzungen (e_1 bis e_6), die sich durch die fünf Teilübersetzungen (u_1 bis u_3 bzw. u_1' und u_2') der Teilgetriebe folgendermaßen ausdrükken lassen (31):

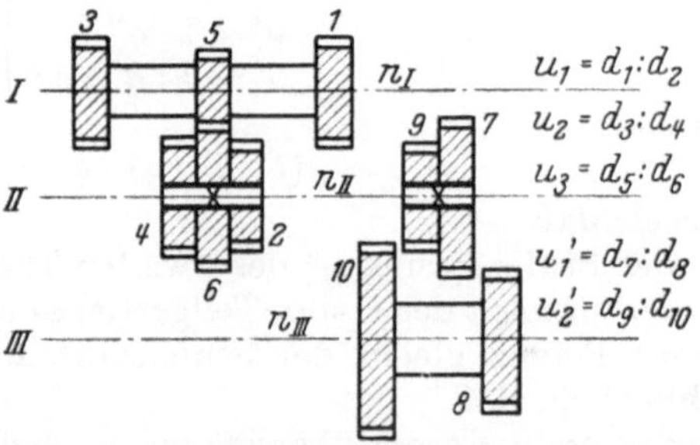

Abb. 5. Sechsstufiges Schieberadgetriebe, entstanden durch Hintereinanderschaltung zweier Teilgetriebe.

$$e_1 = u_1 \cdot u_1'; \quad e_2 = u_2 \cdot u_1'; \quad e_3 = u_3 \cdot u_1';$$
$$e_4 = u_1 \cdot u_2', \quad e_5 = u_2 \cdot u_2'; \quad e_6 = u_3 \cdot u_2'.$$

Lediglich durch eine einfache mathematische Umformung kann man aus diesen Gleichungen bilden:

$$e_1 : e_2 : e_3 = e_4 : e_5 : e_6 \qquad (32)$$

An Hand der Gleichung (32) läßt sich zeigen, daß nur die geometrische Stufung sich mit den Forderungen der Hintereinanderschaltung in Einklang bringen läßt. Infolge der Hintereinanderschaltung müssen mehrere aufeinanderfolgende Endübersetzungen das gleiche Verhältnis aufweisen, in unserem Beispiel:

$$e_1 : e_2 = e_4 : e_5 = \varphi_1; \quad e_2 : e_3 = e_5 : e_6 = \varphi_2 \qquad (33)$$

Infolge des Grundgesetzes für den Aufbau gilt für die Enddrehzahlen das Gleiche. Bei der arithmetischen Drehzahlreihe aber sowohl wie bei der logarithmischen lassen sich niemals zwei aufeinanderfolgende Drehzahlen auffinden, die das gleiche Verhältnis haben, sämtliche Verhältnisse aufeinanderfolgender Drehzahlen sind verschieden. Im Gegensatz dazu beruht das Kennzeichen der geometrischen Stufung gerade in der Gleichheit des Verhältnisses der aufeinanderfolgenden Drehzahlen, d.h. in der Gleichheit des Stufensprunges φ, und wir erhalten somit den wichtigen Satz:

Getriebe, die durch Hintereinanderschaltung entstanden sind, gestatten weder die genaue Erzeugung einer arithmetischen noch die einer logarithmischen Drehzahlstufung, sondern allein die genaue Erzeugung geometrischer Drehzahlreihen.

Nimmt man an, daß die Reihenfolge der Gleichungen (31) zugleich auch die größenmäßige Reihenfolge der Gesamtübersetzungen darstellen möge, d. h. daß e_1 die höchste und e_6 die niedrigste Enddrehzahl erzeugt, so kann man bei Erzeugung einer geometrischen Drehzahlreihe mit dem Stufensprung φ anschreiben:

$$
\begin{aligned}
e_1 &= 1 : q &&= u_1 \cdot u_1' \\
e_2 &= 1 : q \cdot \varphi &&= u_2 \cdot u_1' \\
e_3 &= 1 : q \cdot \varphi^2 &&= u_3 \cdot u_1' \\
e_4 &= 1 : q \cdot \varphi^3 &&= u_1 \cdot u_2' \\
e_5 &= 1 : q \cdot \varphi^4 &&= u_2 \cdot u_2' \\
e_6 &= 1 : q \cdot \varphi^5 &&= u_3 \cdot u_2'
\end{aligned} \tag{34}
$$

Aus diesen Gleichungen kann man durch mathematische Umformung erkennen, daß

auch die Teilübersetzungen u_1 bis u_3 und u_1', u_2' geometrisch gestuft sind:

$$
\left.
\begin{aligned}
u_1 &= 1 : q' \\
u_2 &= 1 : q' \cdot \varphi \\
u_3 &= 1 : q' \cdot \varphi^2
\end{aligned}
\right\} \text{Stufensprung } \varphi \tag{35}
$$

und

$$
\left.
\begin{aligned}
u_1' &= 1 : q'' \\
u_2' &= 1 : q'' \cdot \varphi^3
\end{aligned}
\right\} \text{Stufensprung } \varphi^3, \tag{36}
$$

wenn

$$
(1 : q') \cdot (1 : q'') = 1 : q \tag{37}
$$

ferner, daß

der Stufensprung φ^3 des zweiten Teilgetriebes eine ganzzahlige Potenz vom Stufensprung φ des ersten Teilgetriebes darstellt, und zwar ist hier der Exponent dieser Potenz gleich der Stufenzahl des zu vervielfachenden Getriebes; und schließlich, daß

die erste Gesamtübersetzung e_1 sich in zwei Teilübersetzungen $(1 : q')$ bzw. $(1 : q'')$ aufspaltet derart, daß das Produkt beider Teilübersetzungen gleich der geforderten ersten Gesamtübersetzung $e_1 = 1 : q$ ist

Infolge des Grundgesetzes für den Aufbau gilt ähnliches auch für die Drehzahlen selbst und wir können die Bedingungen des Aufbaues für die Getriebe dieser Art zur Erzeugung von geometrischer Drehzahlstufung wie folgt durch zwei grundlegende Gesetze ausdrücken:

1. **In jedem mehrachsigen Getriebe, das eine geometrische Drehzahlreihe erzeugt, sind nicht nur die Drehzahlen der letzten Welle — die Enddrehzahlen — sondern auch die Drehzahlen jeder beliebigen anderen Welle des Getriebes geometrisch gestuft.**

2. **Die geometrische Stufung birgt in sich die Möglichkeit, die Stufenzahlen durch Hintereinanderschalten mehrerer Teilgetriebe zu vervielfachen. Der Stufensprung des vervielfachenden Getriebes ist eine ganzzahlige Potenz vom Sprung des zu vervielfachenden Getriebes.**

b) **Das Aufbaunetz.**

Wenn auch die beiden eben entwickelten Gesetze auf den ersten Blick sehr einfach erscheinen, so sind die in ihnen liegenden Forderungen bei den mehrachsigen häufig sehr verwickelten Getrieben neuzeitlicher Werkzeugmaschinen oft nicht ohne Schwierigkeit zu erfüllen. Auch dem geübten Konstrukteur dürfte es manchmal schwer fallen, alle Möglichkeiten auszuschöpfen, die in einer bestimmten Getriebeanordnung liegen. Eine zeichnerische Darstellungsweise — im folgenden Aufbaunetz genannt — gestattet jedoch beide Gesetze in übersichtliche, aufschlußreiche Form zu bringen. Wie ein solches Schema aufgestellt wird, soll am Beispiel der Getriebeanordnung nach Textabb. 5 erläutert werden.

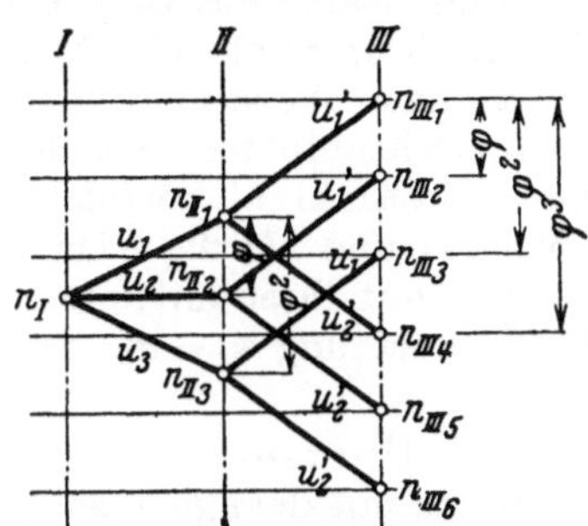

Abb. 6. Aufbaunetz des Getriebes nach Textabb. 5: erste Möglichkeit.

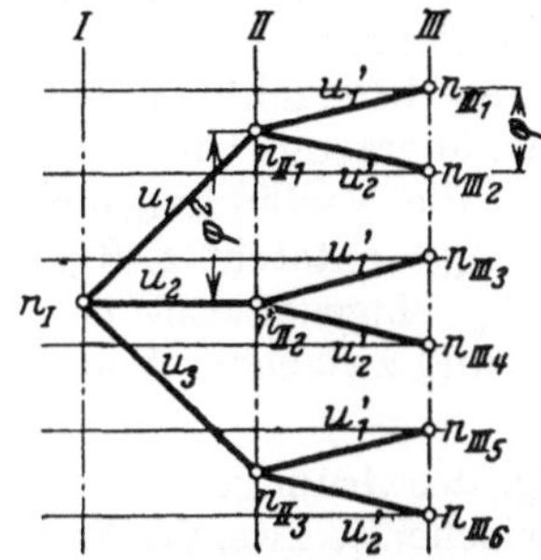

Abb. 7. Aufbaunetz des Getriebes nach Textabb. 5: zweite Möglichkeit.

Man zeichnet die Mittellinien der drei Wellen (I, II, III) in beliebigem, am einfachsten gleichem Abstand als Senkrechte nebeneinander (Textabb. 6). Als Waagerechte zieht man untereinander so viele parallele Linien, als das Getriebe Enddrehzahlen hat, in unserem Beispiel also sechs. Der Abstand zwischen zwei solchen aufeinanderfolgenden Waagerechten bedeutet den Stufensprung φ für die geometrische Reihe der Enddrehzahlen des Getriebes. Er muß zwischen sämtlichen aufeinanderfolgenden Waagerechten gleich sein.

Jede Drehzahl n der Wellen I, II, III wird durch einen Punkt auf der zugehörigen Senkrechten dargestellt. Die erste Welle I besitzt nur eine Drehzahl n_I, erhält also auch nur einen Punkt. Die letzte Welle III besitzt sechs Enddrehzahlen n_{III_1} bis n_{III_6}, zwischen denen jeweils der Sprung φ liegt. Sechs Drehzahlpunkte auf der Linie III, wo sie von den sechs Waagerechten geschnitten wird, bringen dies zum Ausdruck. Den Punkt n_I der ersten Welle haben wir zunächst symmetrisch nach oben und unten zu den sechs Enddrehzahlen der letzten Welle III gelegt. Wir werden später sehen, bei welchem besonderen Anwendungsgebiete des Aufbaunetzes eine unsymmetrische Lage der Drehzahlpunkte entsteht.

Welle II besitzt drei Drehzahlen, die nach dem ersten obengenannten Gesetz für den Aufbau eine geometrische Reihe bilden müssen. In Textabb. 6 ist für diese Drehzahlreihe der Welle II entsprechend Gleichung (35) zunächst einmal der gleiche Stufensprung wie für die Enddrehzahlen der Welle III angenommen worden. Drei Drehzahlpunkte auf der Mittellinie II im Abstand φ (Abstand zweier benachbarter Waagerechten) stellen dies dar. Auch diese drei Drehzahlen wurden symmetrisch zu n_I angeordnet.

Zwischen zwei Drehzahlen einer Welle, deren Punkte auf zwei benachbarten Waagerechten liegen, z. B. n_{III_1} und n_{III_2}, besteht — wie gesagt — der Stufensprung φ. Haben zwei Drehzahlpunkte den doppelten Abstand, z. B. n_{III_1} und n_{III_3}, so liegt zwischen den zugehörigen Drehzahlen der Sprung φ^2, bei dreifachem Abstand, wie zwischen n_{III_1} und n_{III_4}, der Sprung φ^3 usw. In Wirklichkeit bedeuten also die waagerechten Linien mit gleichem Abstand eine logarithmische Drehzahlteilung, bei der nur solche Werte angegeben sind, die Potenzen des Stufensprunges φ für die geometrische Reihe der Enddrehzahlen bilden. Auf diese Weise entsteht eine lineare Teilung wie immer, wenn man eine geometrische Reihe im logarithmischen Maßstab aufträgt.

Jedes Übersetzungsverhältnis u eines Getriebes wird im Aufbaunetz durch eine Verbindungslinie zweier zusammengehöriger Drehzahlpunkte zum Ausdruck gebracht, z. B. das Übersetzungsverhältnis $u_1 = d_1 : d_2$ (Textabb. 5) durch die Verbindungslinie zwischen n_I und n_{II_1}; $u_1' = d_7 : d_8$ zwischen n_{II_1} und n_{III_1} usw. Zweckmäßig wird an jede solche Verbindungslinie der Name des Übersetzungsverhältnisses angeschrieben, genau wie an jeden Drehzahlpunkt der Name der zugehörigen Drehzahl. Will man wissen, auf welchem Wege eine bestimmte Enddrehzahl erzeugt wird, so muß man von ihrem Drehzahlpunkt ausgehen und rückwärts die Verbindungslinien bis zur Eingangsdrehzahl n_I verfolgen. Die Drehzahl n_{III_5} entsteht z. B., wenn zwischen Welle II und III die Übersetzung $u_2' = d_9 : d_{10}$ eingeschaltet ist. Welle II läuft dann mit ihrer mittleren Drehzahl n_{II_2}, und zwischen Welle I und II ist die Übersetzung $u_2 = d_3 : d_4$ einzuschalten.

Infolge des Grundgesetzes für den Aufbau bilden die Übersetzungsverhältnisse zwischen je zwei Wellen eine geometrische Reihe mit dem gleichen Stufensprung wie die Drehzahlen. Zwischen den beiden Drehzahlpunkten n_{II_1} und n_{II_2} in Textabb. 6, die durch die beiden Übersetzungsverhältnisse $u_1 = d_1 : d_2$ und $u_2 = d_3 : d_4$ (zwischen Welle I und II) erzeugt werden, liegt z. B. ein Abstand gleich dem Stufensprung φ. Das Verhältnis der beiden Übersetzungen $u_1 : u_2$ ist daher auch gleich φ. Bei doppeltem Abstand, wie zwischen n_{II_1} und n_{II_3} ist $u_1 : u_3 = \varphi^2$, bei dreifachem Abstand, wie zwischen n_{III_1} und n_{III_4}, ist $u_1' : u_2' = \varphi^3$ usw.

Die Übersetzungsverhältnisse u_1' und u_2' des Vervielfachungsgetriebes erscheinen je dreimal, von jedem der drei Drehzahlpunkte n_{II_1}, n_{II_2}, n_{II_3} auf Welle II ausgehend. Daß es sich dabei jedesmal um das gleiche Übersetzungsverhältnis handelt, wird durch die sich notwendig ergebende Parallelität der entsprechenden gleichnamigen Linien ausgedrückt.

Die gleiche Aufgabe (Erzeugung von $3 \cdot 2 = 6$ geometrisch gestuften Drehzahlen auf drei Wellen) ist auch noch mit einem weiteren, anders gearteten Aufbau zu lösen (Textabb. 7). Man findet aber, daß für eine Anordnung des Getriebes nach Textabb. 5 nur diese beiden Aufbaumöglichkeiten (Abb. 6 u. 7) zur Erzeugung einer geometrischen Reihe für die Enddrehzahlen bestehen, da nur sie den Zwang der Parallelität zwischen den verschiedenen u_1' bzw. u_2' erfüllen. Bei Abb. 6 liegt der größere Sprung (φ^3) zwischen den Übersetzungen des zweiten Teilgetriebes (Wellen II, III), bei Abb. 7 dagegen (φ^2) zwischen den Übersetzungen des ersten Teilgetriebes (Wellen I, II). Wann der Aufbau nach Abb. 7 praktisch von Bedeutung ist, werden wir weiter unten erkennen.

Die logarithmische Stufung läßt sich, wie oben nachgewiesen wurde, infolge des ihren Drehzahlen zugrundeliegenden Bildungsgesetzes durch hintereinandergeschaltete Getriebe nicht erzeugen. Man kann jedoch den ihr zugrundeliegenden Gedanken, auf dem ihr Vorteil eigentlich beruht, nämlich die Drehzahlen so anzuordnen, daß sie bei den großen Durchmessern einen kleineren Stufensprung haben, als bei den kleineren Durchmessern, in gewissen Grenzen verwirklichen. Ein Sägediagramm für sechs Stufen, bei dem dies der Fall ist, zeigt Textabb. 8 im Schema. Es ist dadurch entstanden, daß man bei den hohen Drehzahlen Stufen in der geometrischen Drehzahlreihe ausließ. Mit Hilfe des Aufbaunetzes ist es nicht mehr schwer, Getriebe zu ermitteln, deren Aufbau eine solche Stufungsart, die mit geometrischer Auswahlstufung bezeichnet werde, möglich macht. Für eine Anordnung nach Textabb. 8 wäre z. B. ein Aufbau nach Textabb. 9 anzuwenden

Das Aufbaunetz gestattet auch hierfür, alle Möglichkeiten mit einem Blick zu übersehen.

Zusammenfassend ist zu sagen, daß das Aufbaunetz rasch eine Entscheidung darüber erlaubt, welcher Art der innere Aufbau eines Getriebes sein kann, indem es die mathematischen Bedingungen dafür in anschaulicher Form zur Darstellung bringt.

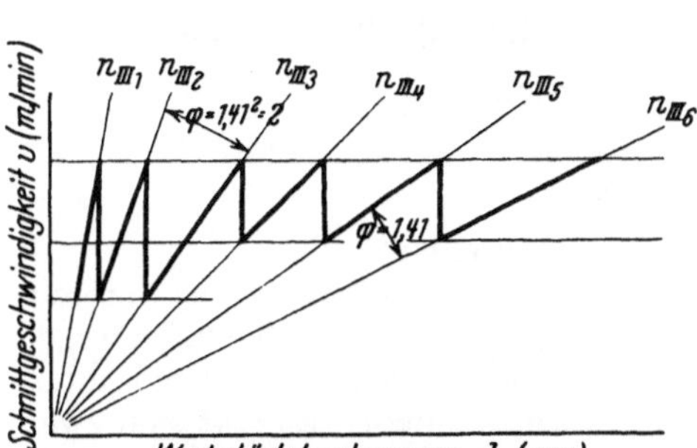

Abb. 8. Sägediagramm für geometrische Auswahlstufung (Auslassung von Stufen bei den kleinen Durchmessern).

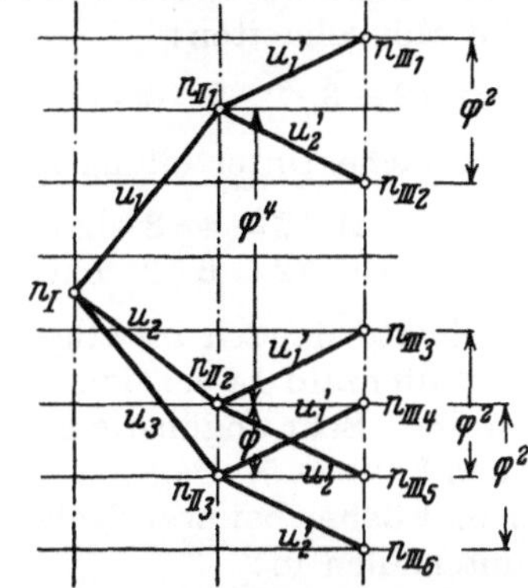

Abb. 9. Aufbaunetz zur Erzeugung des Sägediagrammes der Textabb. 8 für eine Getriebeanordnung nach Textabb. 5.

c) Die Verteilung der Stufenzahl auf die Teilgetriebe.

Es leuchtet ein, daß infolge der Vervielfachungsmöglichkeit der Stufenzahlen bei geometrischer Stufung vor allem jene Zahlen konstruktiv günstig sind, die eine möglichst weitgehende Teilbarkeit aufweisen. Hohe Primzahlen dagegen müssen im allgemeinen ausscheiden, da sie höchstens durch sehr verwickelte Getriebeformen erzeugt werden können, auf die im dritten Teil eingegangen werden soll.

Wir haben festgestellt, daß die einfachen zweiachsigen Getriebe — abgesehen von den Getrieben mit Stufenrädersätzen — besonders günstig bei der Erzeugung von zwei oder drei Stufen sind. Auch vier Stufen sind bei diesen Getrieben noch sehr wohl denkbar. Wesentlich umständlicher gestaltet sich dagegen die Erzeugung von fünf oder sechs Stufen, da dann die axiale Baubreite der Getriebe für zweifache Lagerung der Wellen meist zu groß wird, dreifache Lagerung aber eine schwierigere Herstellung des Getriebes zur Folge hat. Jene Stufenzahlen, die durch Multiplikation aus zwei und drei gebildet werden, verdienen also besondere Beachtung.

Die niedrigste für die Vervielfältigung in Frage kommende Stufenzahl ist

$$4 = 2 \cdot 2.$$

Hier gibt es nur eine einzige Möglichkeit der Unterteilung, ebenso bei

$$9 = 3 \cdot 3$$

Zwei Möglichkeiten bestehen beim sechsstufigen Getriebe, nämlich

$$\text{a) } 6 = 3 \cdot 2 \quad \text{und} \quad \text{b) } 6 = 2 \cdot 3,$$

sowie bei dem zweifach unterteilten Getriebe für acht Stufen, nämlich

$$\text{a) } 8 = 4 \cdot 2 \quad \text{und} \quad \text{b) } 8 = 2 \cdot 4.$$

Ein achtstufiges Getriebe kann auch als dreifach unterteiltes Getriebe mit einer einzigen Aufteilungsmöglichkeit, nämlich

$$8 = 2 \cdot 2 \cdot 2$$

entworfen werden. Ein Getriebe für zehn Stufen läßt sich entweder mit einer Unterteilung

$$\text{a) } 10 = 5 \cdot 2 \quad \text{oder} \quad \text{b) } 10 = 2 \cdot 5$$

ausführen. Man erkennt, wie ungünstig diese Stufenzahl praktisch ist, da sie den hohen Faktor 5 enthält. Das dreifach unterteilte zwölfstufige Getriebe besitzt die Möglichkeiten:

$$\text{a) } 12 = 3 \cdot 2 \cdot 2 \quad \text{oder} \quad \text{b) } 12 = 2 \cdot 3 \cdot 2 \quad \text{oder} \quad \text{c) } 12 = 2 \cdot 2 . 3$$

Eine zweifache Unterteilung ist gleichfalls möglich:

$$\text{a) } 12 = 4 \cdot 3 \quad \text{bzw.} \quad \text{b) } 12 = 3 \cdot 4$$
$$\text{oder} \qquad \text{a) } 12 = 6 \cdot 2 \quad \text{bzw.} \quad \text{b) } 12 = 2 \cdot 6$$

Jedoch dürfte sie sich im allgemeinen weniger empfehlen.

Die Stufenzahl 14 scheidet gleichfalls aus, da sieben Stufen schwer unterzubringen sind. Sehr ungünstig gestaltet sich auch ein Getriebe für 15 Stufen wegen des hohen Faktors 5. Dagegen ist das sechzehnstufige Getriebe weitgehend unterteilbar und daher bei praktischen Ausführungen sehr beliebt. Es läßt sich zweifach unterteilen in:

$$16 = 4 \cdot 4$$

oder dreifach in   a) $16 = 4 \cdot 2 \cdot 2$ oder b) $16 = 2 \cdot 4 \cdot 2$ oder c) $16 = 2 \cdot 2 \cdot 4$

Stufen. Davon scheiden die beiden letzten Möglichkeiten für die praktische Verwendbarkeit aus. Ein vierstufiges Vorgelege ist abgesehen von der hohen Stufenzahl bei großem Sprung der Drehzahlreihe auch deshalb schwer durchführbar, weil der zwischen den beiden äußersten Vorgelegeübersetzungen auftretende große Unterschied konstruktiv schwer zu bewältigen ist. Ein sechzehnstufiges Getriebe wäre auch mit vierfacher Unterteilung denkbar als:

$$16 = 2 \cdot 2 \cdot 2 \cdot 2.$$

Doch empfiehlt sich diese Unterteilungsmöglichkeit in der Praxis weniger. Zu weitgehende Unterteilung hat eine zu große Anzahl von Zahneingriffen zur Folge und kann daher den Wirkungsgrad der ganzen Anordnung unter Umständen erheblich heruntersetzen.

Von großer praktischer Bedeutung ist das achtzehnstufige Getriebe in seiner dreifachen Unterteilung:

$$\text{a) } 18 = 3 \cdot 3 \cdot 2 \quad \text{oder} \quad \text{b) } 18 = 3 \cdot 2 \cdot 3 \quad \text{oder} \quad \text{c) } 18 = 2 \cdot 3 \cdot 3.$$

An noch höheren Stufenzahlen werden 24, auch 36 Stufen ausgeführt, allerdings meist nicht mehr auf rein mechanischem Wege, sondern durch Regelung von Motoren, sei es von Gleichstrommotoren mit Regelwiderständen im Nebenschlußkreis, sei es von Drehstrommotoren durch Polumschaltung.

Für sämtliche praktisch wertvollen Aufteilungsmöglichkeiten sind in den Tafeln V bis IX des Anhanges alle bei geometrischer Drehzahlstufung vorhandenen Aufbaunetze niedergelegt. Diese Tafeln bilden einen Atlas, an Hand dessen der Konstrukteur entscheiden kann, welche von diesen Aufteilungsmöglichkeiten bei der Konstruktion eines Getriebes die größten Vorteile verspricht.

Betrachten wir als Beispiel die beiden bereits oben besonders erläuterten Aufbauarten des $6 = 3 \cdot 2$ stufigen Getriebes (Abb. 6 und 7 im Text, bzw. die beiden entsprechenden Aufbaunetze auf Tafel V des Anhanges), so finden wir, daß die erste Art mit dem kleineren Stufensprung φ im ersten Teilgetriebe günstiger sein muß, als die zweite Art mit dem Stufensprung φ^2. Der Vorteil beruht darin, daß bei dem Aufbau nach Abb. 6 erst im letzten Teilgetriebe große Unterschiede in dem durch die Räder zu übertragenden Drehmoment und somit auch in der Zahnkraft auftreten. Denn da das Produkt aus Drehmoment und Drehzahl unter Berücksichtigung der Dimensionen die Leistung ergibt, steigt bei gleichbleibender Antriebsleistung in gleicher Weise das Drehmoment, wie die Drehzahl fällt. Auf der niedrigsten Drehzahl ist das höchste Drehmoment zu übertragen. Je geringer der Unterschied zwischen der höchsten und niedrigsten Drehzahl eines Getriebes ist, um so mehr rechtfertigt es sich, alle Zähne mit gleichem Modul und gleicher Breite auszuführen. Liegt dagegen ein großer Drehzahlunterschied zwischen höchster und niedrigster Übersetzung, wie bei dem Aufbau nach Textabb. 7, so müßte man bei den gebräuchlichsten Stufensprüngen die beiden Räder des ersten Teilgetriebes für die niedrigste Drehzahl bereits verstärken. Auch die beiden Räderpaare im zweiten Teilgetriebe müssen für hohes Drehmoment berechnet werden, da sie die beiden niedrigsten Drehzahlen erzeugen, während beim Aufbau nach Textabb. 6 nur das Räderpaar mit der größten Übersetzung ins Langsame verstärkt zu werden braucht. Der Aufbau nach Abb. 7 hat also im ganzen drei stärkere Räderpaare, während der Aufbau nach Abb. 6 im allgemeinen nur ein einziges verstärktes Räderpaar nötig macht, d. h. weniger Werkstoff erfordert und einen geringeren Raumbedarf für das durchkonstruierte Getriebe ergibt.

Anmerkung: Bei der aufmerksamen Betrachtung der Aufbaunetze auf den Tafeln V bis IX zeigt sich an einigen Stellen, daß die Drehzahlen der Zwischenwellen nicht einer vollständigen geometrischen Stufung, sondern nur einer geometrischen Auswahlstufung folgen. Auf Tafel V ist dies z. B. der Fall für das mittlere Netz von $8 = 4 \cdot 2$ Stufen. Man kann hier als Abstand der Drehzahlpunkte dieser Welle gemessen in der Sprungteilung die Werte 1, 3, 1 ablesen, die auch in Klammern zwischen erste und zweite Welle angeschrieben sind.

Der oben allgemein ausgesprochene Satz, daß die Drehzahlen jeder beliebigen Welle eines solchen Getriebes bei Erzeugung von geometrischen Enddrehzahlen eine geometrische Stufung aufweisen müssen, ist also, wie uns die Aufbaunetze gezeigt haben, dahingehend aufzufassen, daß diese geometrische Stufung sowohl in einer vollständigen geometrischen Drehzahlreihe, als auch in einer geometrischen Auswahlreihe bestehen kann, bei der nicht jedes Glied der geometrischen Zahlenreihe mit einer Drehzahl besetzt ist, aber sämtliche Drehzahlen in einer vollständigen geometrischen Reihe enthalten sind.

Wenn wir uns noch die Frage vorlegen, in welchen Fällen eine solche Auswahlstufung auf den Zwischenwellen eintritt, so werden wir an Hand der Aufbaunetze leicht erkennen, daß dies dann geschieht, wenn in den ersten Teilgetrieben vier oder sechs Drehzahlen erzeugt werden, und zwar deshalb, weil in diesen Fällen eine Gruppenbildung in $2 + 2$ bzw. $3 + 3$ Übersetzungsverhältnisse möglich ist. Man beachte in dieser Hinsicht daher die Netze für $12 = 6 \cdot 2$; $16 = 4 \cdot 2 \cdot 2$ Stufen usw.

3. Die Forderungen der Drehzahlnormung.

a) Das Drehzahlbild.

Die Drehzahlnormung bedingt wiederum zwei Einschränkungen:
1. die Wahl eines der sechs normalen Stufensprünge,
2. die Wahl einer normalen Gesamtübersetzung.

Die erste Einschränkung in der Wahl des Stufensprunges ist bereits von den einfachen zweiachsigen Getrieben her bekannt. Die zweite Einschränkung in der Wahl der Gesamtübersetzung greift bei den durch Hintereinanderschaltung entstandenen Getrieben an und für sich weniger tief in die Berechnung ein. Jede Gesamtübersetzung e wird gebildet durch das Produkt der entsprechenden Teilübersetzungen u zwischen zwei kämmenden Rädern entsprechend den Gleichungen (31). Für diese Teilübersetzungsverhältnisse besteht also hier an und für sich nicht wie bei den einfachen zweiachsigen Getrieben ein Zwang, daß sie Normübersetzungen nach Tafel II Abb. 16 bilden müssen, nur ihre Produkte, die Gesamtübersetzungen müssen sich in die Drehzahlnormung einordnen lassen.

Wenn aber auch die Ausführung der Teilübersetzungen nach Drehzahlnormung nicht unumgänglich notwendig ist, so erweist sie sich praktisch doch als besonders einfach und vorteilhaft. Denn in diesem Fall kann der Konstrukteur die ganze Durchmesser- und Zähnezahlrechnung aus dem ersten Teil auch bei der Berechnung der Getriebe dieser Gruppe verwenden und mit den dort aufgestellten einfachen Tabellen und günstigsten Zähnezahlsummen arbeiten.

Der Grund hierfür liegt in dem geometrischen Aufbau der Normübersetzungen, aus dem sich ergibt, daß das Produkt zweier Normübersetzungen stets wieder eine Normübersetzung sein muß, d. h. also:

die Gesamtübersetzung muß notwendig eine Normübersetzung sein, sobald die Teilübersetzungen als Normübersetzungen ausgeführt werden.

Beide Einschränkungen durch die Drehzahlnormung kann man mit Hilfe des Aufbaunetzes zum Ausdruck bringen.

Wir betrachten zunächst die Einschränkung in der Wahl des Stufensprunges φ. Sieht man von dem Stufensprung 1,06 wegen seiner geringen praktischen Bedeutung ab, so bleibt als feinster normaler Stufensprung 1,12 übrig. Die vier weiteren Stufensprünge sind ganzzahlige Potenzen von 1,12, wie aus Abb. 15 auf Tafel II zu ersehen ist:
$$1{,}26 = 1{,}12^2; \quad 1{,}41 = 1{,}12^3; \quad 1{,}58 = 1{,}12^4; \quad 2{,}00 = 1{,}12^6$$

Wählt man als Abstand der parallelen waagerechten Linien im Aufbaunetz den Sprung $\varphi = 1{,}12$, dann haben beispielsweise bei einem Getriebe nach der Reihe 1,26 die Drehzahlpunkte der letzten Welle den doppelten Teilungsabstand 1,12 (Textabb. 10), bei einem Getriebe nach der Reihe 1,41 den dreifachen Abstand $1{,}12^3$ (Textabb. 11) usw.

Um die zweite Einschränkung durch die Drehzahlnormung, die Festlegung

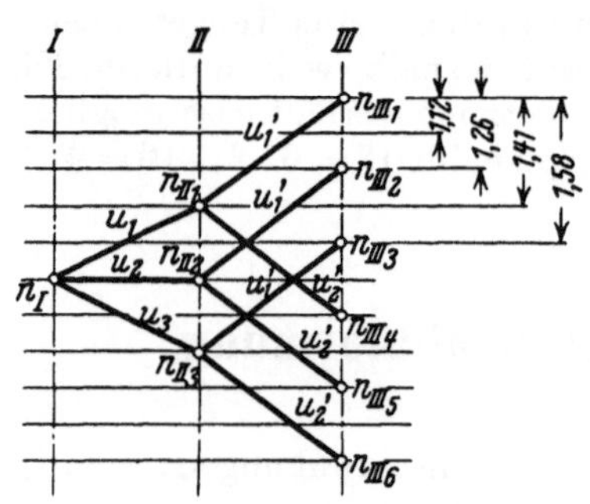

Abb. 10. Aufbaunetz eines 6stufigen Getriebes für die Reihe 1,26.

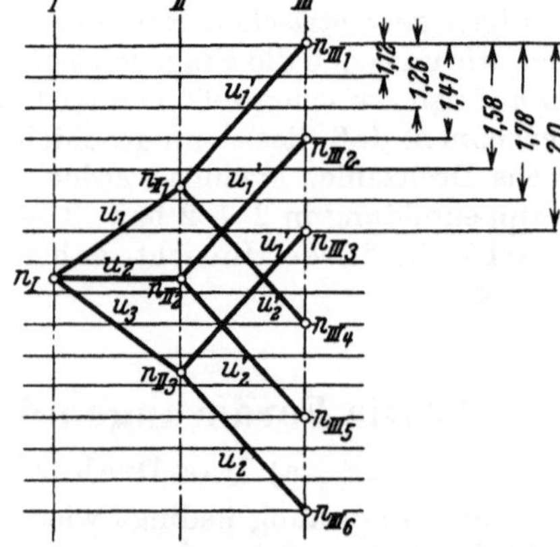

Abb. 11. Aufbaunetz eines 6stufigen Getriebes für die Reihe 1,41.

der Endübersetzungen e darzustellen, muß an die Stelle der symmetrischen Form des Aufbaunetzes eine eingeschränktere, aber noch aufschlußreichere unsymmetrische Form gesetzt werden, die im folgenden mit Drehzahlbild bezeichnet werde (Textabb. 12). Während das Aufbaunetz keine Angaben über den Zahlenwert der einzelnen Übersetzungsverhältnisse u_1 bis u_k enthält, sind aus dem Drehzahlbild sämtliche Übersetzungsverhältnisse — auch die Endübersetzungen — in ihrer wahren Größe zu entnehmen. Das Drehzahlbild ist also nicht wie das Aufbaunetz für eine Getriebeanordnung ganz allgemein, sondern nur für ein bestimmtes Getriebe mit eindeutig festliegenden Übersetzungen gültig.

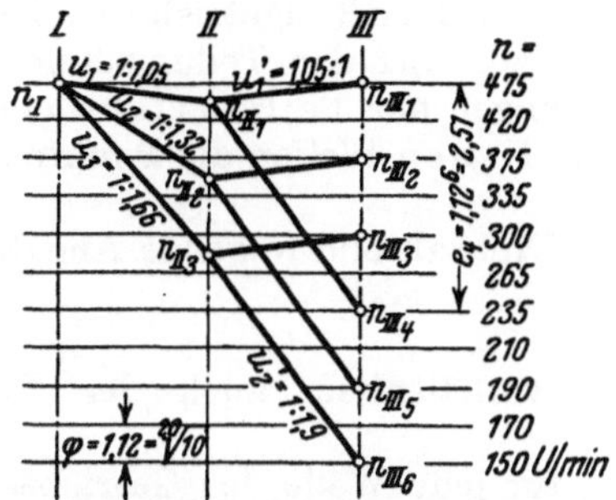

Abb. 12. Drehzahlbild eines 6stufigen Getriebes für die Reihe 1,26 (Übersetzungen der Teilgetriebe nicht nach Drehzahlnormung).

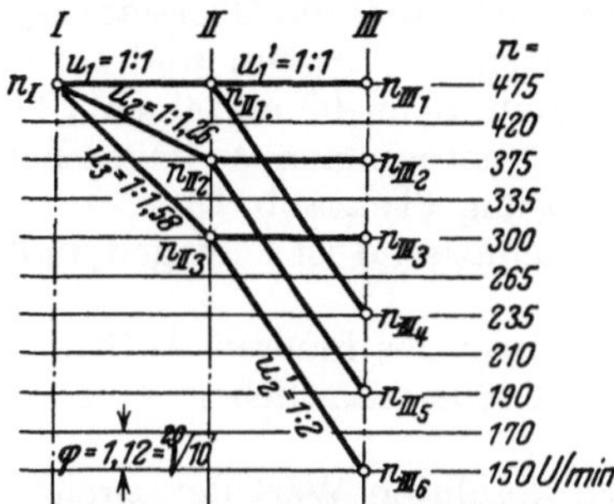

Abb. 13. Drehzahlbild eines 6stufigen Getriebes für die Reihe 1,26 (Übersetzungen der Teilgetriebe nach Drehzahlnormung).

Für das Drehzahlbild nach Textabb. 12, das einem Getriebe zur Erzeugung der Reihe 1,26 mit einer Anordnung nach Textabb. 5 zugehört, betragen beispielsweise die sechs normalen Endübersetzungen:

$$e_1 = n_{III_1} : n_I = 1 : 1$$
$$e_2 = n_{III_2} : n_I = 1 : 1{,}26 = 1 : 1{,}12^2$$
$$e_3 = n_{III_3} : n_I = 1 : 1{,}58 = 1 : 1{,}12^4$$
$$e_4 = n_{III_4} : n_I = 1 : 2{,}00 = 1 : 1{,}12^6$$
$$e_5 = n_{III_5} : n_I = 1 : 2{,}51 = 1 : 1{,}12^8$$
$$e_6 = n_{III_6} : n_I = 1 : 3{,}16 = 1 : 1{,}12^{10}.$$

In Textabb. 12 wird dies dadurch zum Ausdruck gebracht, daß zwischen den entsprechenden Drehzahlpunkten n_{III} und dem Punkt n_I ein Abstand (in senkrechter Richtung) besteht, der den Zahlenwert der betreffenden Endübersetzung als Potenz von 1,12 anzeigt. Zwischen n_{III_4} und n_I liegt beispielsweise sechsmal die waagerechte Sprungteilung $\varphi = 1,12$; die Endübersetzung zwischen beiden Drehzahlen beträgt daher

$$e_4 = 1 : \varphi^6 = 1 : 1{,}12^6 = 1 : 2{,}00.$$

Kennt man außer den Übersetzungen auch noch die Anfangsdrehzahl n_I des Getriebes, so kann man die waagerechten Teilungslinien unmittelbar als Drehzahllinien auffassen und an sie die für das betreffende Getriebe in Frage kommenden Drehzahlwerte anschreiben. In unserem Beispiel (Textabb. 12) sei

$$n_I = 475 \ \text{min}^{-1}$$

Diesen Wert schreibt man neben die (oberste) Drehzahllinie, die den Punkt n_I enthält. Sodann bezeichnet man die übrigen Drehzahllinien nach den Zahlen der Reihe 1,12, die man sich aus dem Normblattvorschlag für Richtdrehzahlen überträgt.

In der zuletzt besprochenen Form als „Drehzahlbild" zeigt das Aufbaunetz nicht nur die gegenseitige Lage für die Drehzahlen der gleichen Welle an, sondern auch die gegenseitige Lage der Drehzahlen verschiedener Wellen, und man kann den Wert dieser Drehzahlen unmittelbar ablesen. So betragen in unserem Beispiel die sechs Enddrehzahlen:

$$n_{\mathrm{III}_1} = 475 \ \mathrm{min}^{-1} \qquad\qquad n_{\mathrm{III}_4} = 235 \ \mathrm{min}^{-1}$$
$$n_{\mathrm{III}_2} = 375 \ \ ,, \qquad\qquad n_{\mathrm{III}_5} = 190 \ \ ,,$$
$$n_{\mathrm{III}_3} = 300 \ \ ,, \qquad\qquad n_{\mathrm{III}_6} = 150 \ \ ,, \ \ ^1).$$

Sind nur die Endübersetzungen nach den Werten der Drehzahlnormung ausgeführt, nicht aber die Übersetzungen der einzelnen Teilgetriebe, so liegen nur die Drehzahlen der ersten und letzten Welle auf den Teilungslinien (Textabb. 12). Sind auch die einzelnen Übersetzungen der Teilgetriebe der Drehzahlnormung entnommen, so liegen bei sämtlichen Wellen die Punkte auf der Drehzahlteilung (Textabb. 13).

Zusammenfassend ist zu sagen, daß das Drehzahlbild folgende Angaben enthält:

1. Die Form des inneren Aufbaus.

2. Die Größe sämtlicher Übersetzungsverhältnisse, auch der Endübersetzungen.

3. Den absoluten Wert der Drehzahlen für jede Welle des Getriebes.

Die erste Angabe vermittelt keine neuen Einblicke gegenüber dem Aufbaunetz, die beiden letzten Angaben bedeuten eine Weiterentwicklung der zuerst besprochenen Form. Will man beispielsweise aus dem Drehzahlbild Textabb. 13 ablesen, auf welchem Wege die Enddrehzahl 190 min^{-1} erzeugt wird, so erfährt man nicht nur, wie beim Aufbaunetz, daß dabei die Übersetzungen u_2 und u'_2 eingeschaltet sein müssen, sondern überdies, daß diese Übersetzungen 1 : 1,26 und 1 : 2 betragen, und daß die Welle II des Getriebes dabei mit einer Drehzahl von $n_{\mathrm{II}_2} = 375 \ \mathrm{min}^{-1}$ umläuft.

b) Die Zusammenhänge der Normsprünge.

Aus Abb. 15 auf Tafel II war zu ersehen, daß die normalen Stufensprünge untereinander im bestimmten mathematischen Zusammenhang stehen: Sie bilden sämtlich ganzzahlige Potenzen des feinsten Stufensprunges 1,06. Andererseits hatten wir abgeleitet, daß auch die Vervielfachungsmöglichkeit der geometrischen Stufung verlangt, daß der Stufensprung des vervielfachenden Getriebes eine ganzzahlige Potenz vom Stufensprung des zu vervielfachenden Getriebes sein muß. (S. 28). Durch das Zusammentreffen dieser beiden gleichartigen Gesetze ergeben sich beachtenswerte Umstellungsmöglichkeiten der Getriebe nach Drehzahlnormung.

Als Beispiel seien zunächst die Getriebe der Reihe 1,26 und der Reihe 1,41 betrachtet. Die dritte Potenz von 1,26 ist gleich der zweiten Potenz von 1,41.

$$1,26^3 = 1,41^2 = 2,00.$$

Daher benötigt ein dreistufiges Grundgetriebe nach der Reihe 1,26 den gleichen Sprung 2,00 zwischen den Übersetzungen des vervielfältigenden Getriebes wie ein zweistufiges Getriebe nach der Reihe 1,41. Sind also in irgendeiner Getriebeanordnung Teilgetriebe mit dem Stufensprung 2,00 vorhanden, so kann man unter weitgehender Beibehaltung der Zahnräder des Getriebes allein durch entsprechende Änderung des ersten Teilgetriebes von drei in zwei Stufen aus einem Getriebe für die Reihe 1,26 ein solches für die Reihe 1,41 herstellen. Die beiden

---

[1] n_{III_4} muß die Hälfte von n_{III_1} sein, ebenso n_{III_5} die Hälfte von n_{III_2} und n_{III_6} die Hälfte von n_{III_3}. Da die Zahlenwerte der Drehzahlnormung geringe Rundungen gegenüber den Genauwerten der dezimalgeometrischen Reihe aufweisen, ist dies nicht immer völlig genau, wohl aber mit praktisch befriedigender Annäherung erfüllt.

Spindelstöcke (Tafel X, Abb. 29) für 18 Stufen nach Reihe 1,26 und Tafel XI, Abb. 30, für 12 Stufen nach Reihe 1,41 sind, um dies zu erläutern, einander gegenübergestellt worden. Einzelheiten lassen sich an Hand der entsprechenden Drehzahlbilder erkennen.

Das Drehzahlbild für das Getriebe der Abb. 29 zeigt Abb. 31. Das erste Teilgetriebe vom Antrieb aus hat hierin die Übersetzungen:

$$u_1 = 1:1; \quad u_2 = 1:1{,}26; \quad u_3 = 1:1{,}58,$$

das zweite Teilgetriebe die Übersetzungen:

$$u_1' = 1{,}41:1; \quad u_2' = 1:1{,}41; \quad u_3' = 1:2{,}82;$$

das letzte Teilgetriebe die Übersetzungen:

$$u_1'' = 1:2; \quad u_2'' = 1:16;$$

Läßt man im ersten Teilgetriebe die Übersetzung

$$u_1 = 1:1$$

bestehen, ändert aber die Übersetzung $u_2 = 1:1{,}26$ in

$$u_2 = 1:1{,}41$$

und entfernt die beiden Räder für die Übersetzung $u_3 = 1:1{,}58$, so erhält man das Getriebe nach Abb. 30, dessen Drehzahlbild Abb. 32 zeigt.

Das Getriebe für 18 Stufen nach der Reihe 1,26 (Abb. 29) hat also nur zwei Räder, aber sechs Stufen mehr als das zwölfstufige Getriebe nach der Reihe 1,41 (Abb. 30). Dieses beachtenswerte Ergebnis widerspricht der Vermutung. Ohne diese Betrachtung hätte man wohl angenommen, daß ein zwölfstufiges Getriebe mit **wesentlich weniger** Elementen als ein achtzehnstufiges auskommen wird.

Aber man kann sich diese Tatsache leicht auch durch folgende Überlegung klarmachen. Wir haben auf S. 25 festgestellt, daß die Räderzahl für ein vierstufiges, durch Hintereinanderschaltung entstandenes Getriebe $4 + 4 = 8$ beträgt. In gleicher Weise müßte die geringste überhaupt mögliche Räderzahl für das $18 = 3 \cdot 3 \cdot 2$stufige ungebundene Getriebe der Kupplungs- oder Schieberadform

$$3 \cdot 2 + 3 \cdot 2 + 2 \cdot 2 = 16$$

und für das $12 = 3 \cdot 2 \cdot 2$stufige Getriebe

$$3 \cdot 2 + 2 \cdot 2 + 2 \cdot 2 = 14$$

betragen. Wenn man auch in Wirklichkeit diese geringsten Räderzahlen meist nicht verwirklichen kann, weil man wie in den beiden Getrieben Abb. 29 und 30 im letzten Teilgetriebe zur Erzeugung des großen Drehzahlsprunges mehr als ein Räderpaar für jede Teilübersetzung benötigt (im Beispiel sind es drei Räderpaare: 19/20; 21/22; 23/24 bzw. 17/18; 19/20; 21/22), so behält diese Überlegung doch ihren praktischen Wert, weil sie richtig bleibt in bezug auf den Unterschied der Räderzahlen beider Getriebe (im Beispiel: zweier Räder). In Abb. 33 der Tafel X sind daher die geringstmöglichen Räderzahlen für die behandelten Aufteilungen der Stufenzahlen dargestellt und man kann aus dieser Abbildung z. B. weiterhin die beachtlichen Ergebnisse entnehmen, daß man ein neunstufiges Getriebe mit ebensoviel Rädern wie ein achtstufiges und ein achtzehnstufiges Getriebe mit ebensoviel Rädern wie ein sechzehnstufiges ausführen kann. Man wird daher den neun- bzw. achtzehnstufigen Getrieben den Vorzug geben müssen.

Eine ähnliche Umwandlungsmöglichkeit wie zwischen den genannten Getrieben der Reihe 1,26 und 1,41 besteht zwischen einem vierstufigen Getriebe der Reihe 1,41 und einem dreistufigen Getriebe der Reihe 1,58, da

$$1{,}41^4 = 1{,}58^3 = 4{,}00$$

ist, oder zwischen einem dreistufigen Getriebe der Reihe 1,58 und einem zweistufigen Getriebe der Reihe 2,00, da

$$1{,}58^3 = 2{,}00^2 = 4{,}00$$

ist. Eine Zusammenstellung, aus der der Konstrukteur sich diese Umstellungsmöglichkeiten entnehmen kann, zeigt Abb. 34 auf Tafel XI.

In dieser Tabelle ist senkrecht der Stufensprung der Drehzahlreihe, waagerecht der für das Vorgelege nötige Übersetzungssprung und in den Feldern die Stufenzahl des Grundgetriebes eingetragen. Bei der Vorgelegeübersetzung von 1:4 ist das Teilgetriebe demnach entweder zweistufig nach Reihe 2,0 oder dreistufig nach Reihe 1,58, vierstufig nach Reihe 1,41 oder sechsstufig nach Reihe 1,26 ausführbar. Die zehn in dieser Abbildung niedergelegten Übersetzungssprünge des Vorgeleges, unter den größeren Werten vor allem die Sprünge 1:4, 1:8 und 1:16, sind, wie wir besonders im dritten Teil erkennen werden, für Getriebe nach Drehzahlnormung von grundlegender Bedeutung.

4. Durchmesser- und Zähnezahlrechnung.

a) Der Einfluß der Bindung.

Bei den ungebundenen Getrieben hat man die Ermittlung der Durchmesser und Zähnezahlen getrennt vorzunehmen, für jedes Teilgetriebe einzeln nach den Berechnungsarten, die beim einfachen zweiachsigen Getriebe besprochen wurden. Vorher ist an Hand des Aufbaunetzes die Sprungverteilung auf die einzelnen Teilgetriebe und an Hand des Drehzahlbildes die Größe sämtlicher Teilübersetzungen zu wählen.

Bei Benutzung des Tabellenwerkes Tafel XXII bis XXX ist es ein leichtes, die prozentualen Abweichungen der Enddrehzahlen von den Genauwerten der geforderten Normdrehzahlen zu errechnen. Die Enddrehzahlen besitzen infolge des Grundgesetzes für den Aufbau die gleichen Abweichungen wie die Endübersetzungen. Diese Abweichungen ergeben sich infolge der geringen prozentualen Beträge durch algebraische Addition der im Tabellenwerk angegebenen Abweichungen für die jeweiligen Teilübersetzungen, durch deren Multiplikation die Gesamtübersetzung entsteht.

Bei den einfach gebundenen Getrieben ist bereits eine Beschränkung bei der Zähnezahlberechnung insofern vorhanden, als nur bei einem der beiden Teilgetriebe die Zähnezahlsumme frei wählbar ist. Haben wir z. B. für das erste Teilgetriebe eine der in Abb. 20 auf Tafel III angegebenen für die Getriebe nach Drehzahlnormung besonders günstigen Zähnezahlsummen zugrunde gelegt und aus den Teilübersetzungen alle Zähnezahlen für dieses erste Teilgetriebe ermittelt, so liegt damit bereits auch die Zähnezahl eines Rades des zweiten Teilgetriebes fest, nämlich die des gebundenen Rades, das ja beiden Teilgetrieben gemeinsam angehört.

Wir sind in der Wahl des Übersetzungsverhältnisses, an dem dieses gebundene Rad im zweiten Teilgetriebe beteiligt ist, mit Rücksicht auf die Bindung keineswegs eingeschränkt; sobald wir aber für dieses Übersetzungsverhältnis aus dem Drehzahlbild den günstigsten Wert ermittelt haben, erhalten wir für das Gegenrad des gebundenen Rades auf Welle III zwangläufig einen bestimmten Wert der Zähnezahl, und damit liegt die Zähnezahlsumme des zweiten Teilgetriebes fest. Es besteht nicht wie bei den ungebundenen Getrieben die Möglichkeit, sie frei zu wählen. Im allgemeinen wird daher die Zähnezahlsumme im zweiten Teilgetriebe nicht einen von den oben als besonders günstig erkannten Werten besitzen. Man ist auf das Tabellenwerk der Tafeln XXII bis XXX angewiesen, um für diesen beliebigen Wert die übrigen Zähnezahlen des zweiten Teilgetriebes zu berechnen. Nur in besonderen Fällen besitzt auch das zweite Teilgetriebe eine günstige Zähnezahlsumme, z. B. dann, wenn in beiden Teilgetrieben die Übersetzung, an der das gebundene Rad beteiligt ist, 1:1 beträgt.

Bei den doppelt gebundenen Getrieben sind die Einschränkungen infolge der Bindung weit stärker. Angenommen, wir hätten — wie bei den einfach gebundenen Getrieben — die Zähnezahlsumme und die Übersetzungsverhältnisse im ersten Teilgetriebe frei gewählt und die Zähnezahlen der Räder in diesem Teilgetriebe ausgerechnet, so könnten wir auch weiter — wie bei einfach gebundenen Getrieben — von einem der beiden gebundenen Räder auf Welle II ausgehend die Zähnezahl seines Gegenrades aus der zunächst einmal als frei wählbar angenommenen entsprechenden Übersetzung des zweiten Teilgetriebes ermitteln. Wir hätten dadurch wiederum die Zähnezahlsumme im zweiten Teilgetriebe gefunden. Im Gegensatz zum einfach gebundenen Getriebe würden jetzt aber die Zähnezahlen zweier weiterer Räder im zweiten Teilgetriebe festgelegt sein, nämlich die des zweiten gebundenen Rades und die seines Gegenrades auf Welle III. Aus den somit festliegenden Zähnezahlen dieser beiden Räder folgt zwangläufig ein weiteres Übersetzungsverhältnis im zweiten Teilgetriebe, das bei dem eben geschilderten Vorgehen im allgemeinen den aus dem Drehzahlbild geforderten Wert nicht besitzen wird.

Wir müssen also bei der Berechnung der Zähnezahlen dieser Getriebe anders vorgehen und uns an anderen Stellen Beschränkungen auferlegen, damit wir freie Hand bei der Wahl derjenigen Größen bekommen, von denen die Sauberkeit der Drehzahlstufung des Getriebes und seine Verwendbarkeit im Rahmen der Drehzahlnormung abhängt, d. h. in der vom Aufbaunetz geforderten Sprungverteilung auf die Teilgetriebe und in der Größe der Gesamtübersetzungen.

Das bedeutet aber zunächst einen wesentlich schwierigeren Rechnungsgang als bei den einfachen zweiachsigen Getrieben. Auf diese größere Schwierigkeit der Rechnung mag es wohl zurückzuführen sein, daß die doppelt gebundenen Getriebe in der Praxis heute noch nicht so weitgehend angewendet werden, wie ihnen infolge ihrer geringen Räderzahl zukommt. Denn sie sind überall dort, wo aus konstruktiven Gründen nur ein beschränkter Raum zur Verfügung steht, z. B. im Spindelkasten einer Drehbank, mit Vorteil zu verwenden.

Aber auch für diese Gruppe lassen sich die Lösungen in eine solche Form bringen, daß sie dem Konstrukteur bei der Anwendung keine größeren Schwierigkeiten bereiten als die Berechnung der übrigen Getriebe.

b) Das doppelt gebundene Getriebe mit geometrisch gestuften Raddurchmessern.

Man kann die doppelt gebundenen Getriebe in zwei Gruppen einteilen, Getriebe mit geometrisch gestuften Teilkreisdurchmessern der Räder auf der mittleren Welle und Getriebe, bei denen diese Räder nach der Radgrenzkurve gestuft sind.

Wir wollen zunächst die wichtigsten Gesichtspunkte für die Bemessung der Getriebe der ersten Gruppe kurz angeben. Für ein Getriebe dieser Art ist in Tafel IV, Abb. 28 ein Anordnungsbild aufgezeichnet worden, bei dem das erste Teilgetriebe durch ein Schwenkradgetriebe, das zweite durch ein Schieberadgetriebe gebildet wird. Der Rechnungsgang für eine solche Anordnung ist von Schlesinger[1] an Hand eines gegebenen Beispiels durchgeführt worden. Ver-

---

[1] Schlesinger: Die Nutzanwendung der Drehzahlnormung auf die Berechnung von Werkzeugmaschinen, WT 1929, Heft 21.

allgemeinert man die dortigen Ergebnisse, so findet man auf Grund einfacher, hier übergangener Ableitungen, daß man bei derartigen doppelt gebundenen Getrieben nicht nur die Gesamtübersetzungen, sondern auch die Übersetzungen der beiden Teilgetriebe nach der Drehzahlnormung ausführen kann, wenn man folgende drei Bedingungen einhält:

Das erste Teilgetriebe muß eine gerade Stufenzahl besitzen.

Zwischen den beiden gebundenen Rädern der mittleren Welle muß die Hälfte der Stufenzahl des ersten Teilgetriebes liegen.

Die Teilkreisdurchmesser der beiden Gegenräder im zweiten Teilgetriebe müssen kreuzweise mit den Teilkreisdurchmessern der gebundenen Räder übereinstimmen.

Das Getriebe unseres Beispiels ist also ausführbar; denn sein Schwenkradgetriebe besitzt 4 Stufen und die Räder auf Welle III sind mit dem 1. und 3. Rad auf Welle II in Eingriff; möglich wäre auch ein Eingriff mit dem 2. und 4. Rad der mittleren Welle. Die Räder a, b, c, d dieses Getriebes müssen so bemessen werden, daß

$$d_a = d_d \quad \text{und} \quad d_c = d_b$$

ist. Ausführbar ist ferner z. B. eine Anordnung mit sechsstufigem Schwenkradgetriebe. Hierbei wären die Räder auf Welle III mit dem ersten und vierten, zweiten und fünften oder dritten und sechsten Rad der mittleren Welle zu binden.

Auf die Behandlung der weiteren Lösungen für diese Getriebegruppe, bei denen nur die Gesamtübersetzungen, nicht aber die Übersetzungen der einzelnen Teilgetriebe der Drehzahlnormung angehören, soll mit Rücksicht auf die geringe Bedeutung, die heute den Schwenkradgetrieben bei Erzeugung geometrischer Drehzahlreihen zukommt, hier nicht näher eingegangen werden.

c) Das doppelt gebundene Getriebe mit Stufung nach der Radgrenzkurve.

Sind die Räder auf der mittleren Welle nach der Radgrenzkurve gestuft, so wird es unbedingt nötig, auf die Wahl der Teilübersetzungen u nach Drehzahlnormung zu verzichten. In diesem Falle müssen nur die Gesamtübersetzungen e des Getriebes der Drehzahlnormung entsprechen.

Hierdurch wird der Rechnungsgang gegenüber der bisher behandelten Form erheblich verwickelter. Andererseits erscheint ein unsystematisches Probieren, bis eine einwandfreie Drehzahlreihe gefunden ist, in diesem Falle beinahe aussichtslos. Hier kommt dem Konstrukteur die Drehzahlnormung zu Hilfe. Sie wirkt so stark vereinfachend, daß nur sehr wenige Getriebe als praktisch brauchbar übrig bleiben. Für diese wenigen Getriebe kann man die unübersichtliche und langwierige Rechnung ein für alle Mal ausführen und das Ergebnis in übersichtlicher Form niederlegen. Nur dieses Ergebnis braucht der Konstrukteur zu kennen, wenn er ein solches Getriebe verwenden will, mehr noch, er kann durch eine übersichtliche Zusammenstellung aller brauchbaren Getriebe mit einem Blick überschauen, welches Getriebe für seine vorliegende Aufgabe am geeignetsten ist. Jede Ungewißheit darüber, ob man nicht noch bessere Lösungen finden könnte, ist ausgeschaltet.

Bevor aber dieses Ergebnis und seine praktische Verwendungsmöglichkeit besprochen wird, soll versucht werden, den Rechnungsgang in einfacher Form darzustellen, so daß er ein möglichst anschauliches Bild von dieser Getriebeform vermittelt.

Das Aufbaunetz:

Betrachten wir zunächst als einfachste Form das vierstufige Getriebe (Tafel IV, Abb. 27). Hierfür gibt es zwei Möglichkeiten des Aufbaus, die durch die beiden

Aufbaunetze Textabb. 14 u. 15 dargestellt werden. Wir haben ganz allgemein den Aufbau nach Textabb. 14 als günstiger bezeichnet. Bei diesen doppelt gebundenen Getrieben ist die Form des Aufbaunetzes aber insofern gleichgültig, als wir für untereinanderstehende Räder sowieso den gleichen Modul wählen müssen. Am einfachsten wird man alle sechs Räder mit gleichem Modul aber wechselnder Breite ausführen. Ein Aufbau nach Abb. 14 ist hier nur möglich, wenn das Getriebe im Mittel ins Schnelle treibt. Bei den praktisch wertvollen Getrieben, deren Übersetzungen im Mittel ins Langsame[1] gehen, muß ein Aufbau nach Abb. 15 vorhanden sein, wie man durch folgende Überlegung nachweisen kann:

BeiGetrieben, die im Mittel ins Langsame treiben, müssen die Räder der getriebenen Welle—d. h. in unserem Fall der Welle III — im Mittel größer sein, als die Räder der treibenden Welle, in unserem Fall der Welle I. Das hat zur Folge, daß der Achsabstand $A_{II, III}$ zwischen Welle II und III größer sein muß als der Achsabstand $A_{I, II}$ zwischen Welle I und II. Die beiden Räder auf Welle II

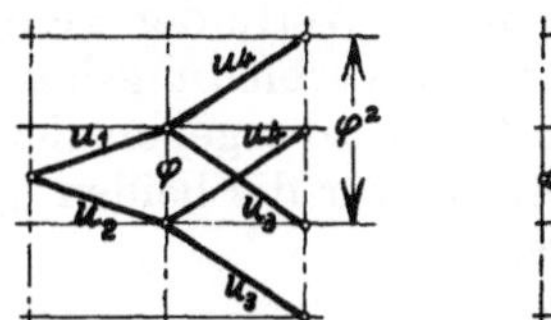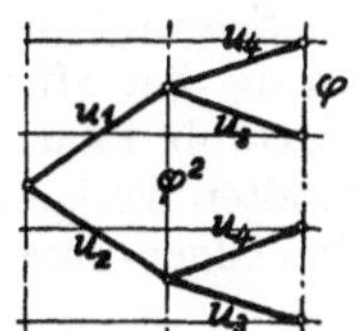

Abb. 14 u. 15. Die beiden Aufbaunetze für das 4 = 2:2 - stufige Getriebe (entnommen aus Tafel V des Anhanges).

kämmen sowohl mit den beiden Rädern auf Welle I, als auch mit den beiden Rädern auf Welle III, d. h. der absolute, größenmäßige Unterschied der Durchmesser beider Räder auf der ersten und dritten Welle ist gleich. Je kleiner der Achsabstand ist, desto größer ist bei gleichem absoluten Durchmesserunterschied der Sprung zwischen beiden Übersetzungsverhältnissen. In unserem Fall muß daher zwischen den beiden Übersetzungen des e r s t e n Teilgetriebes mit dem kleineren Achsabstand ein größerer Sprung liegen als zwischen den beiden Übersetzungen des zweiten Teilgetriebes. Diese Sprungverteilung ist nur bei dem Aufbaunetz nach Textabb. 15 vorhanden.

Die Reihenfolge der Endübersetzungen infolge der doppelten Bindung:

Eine weitere Besonderheit dieser Getriebe besteht darin, daß die Enddrehzahlen in ihrer größenmäßigen Reihenfolge nur über ganz bestimmte Teilübersetzungen hergestellt werden können, d. h. die beiden Schaltstellungen: Räder 1, 2, 3 und Räder 4, 5, 6 (Abb. 27 auf Tafel IV), bei denen das gebundene Rad 2 bzw. 5 jeweils als Zwischenrad wirkt, müssen stets die beiden m i t t l e r e n Enddrehzahlen erzeugen und können keinesfalls so ausgebildet werden, daß durch sie die h ö c h s t e und n i e d r i g s t e Enddrehzahl des Getriebes gebildet wird. Denn die h ö c h s t e Enddrehzahl entsteht dann, wenn in beiden Teilgetrieben jeweils die k l e i n s t e Übersetzung ins Langsame eingeschaltet ist, d. h. im ersten Teilgetriebe die Übersetzung

$$u_1 = \frac{d_1}{d_2}, \tag{38}$$

im zweiten Teilgetriebe die Übersetzung

$$u_4 = \frac{d_5}{d_6} \tag{39}$$

Die höchste Gesamtübersetzung e_1 entsteht also aus

$$e_1 = u_1 \cdot u_4 \tag{40}$$

Umgekehrt entsteht die n i e d r i g s t e Enddrehzahl dann, wenn in beiden Teil-

---

[1] „Im Mittel ins Langsame" bzw. „im Mittel ins Schnelle" soll heißen, daß das geometrische Mittel aus der höchsten und niedrigsten Enddrehzahl des Getriebes (letzte Welle) niedriger bzw. höher liegt als die Anfangsdrehzahl (erste Welle) des Getriebes.

getrieben jeweils die **größte** Übersetzung ins Langsame eingeschaltet ist, d. h. im ersten Teilgetriebe die Übersetzung

$$u_2 = \frac{d_4}{d_5}, \tag{41}$$

im zweiten Teilgetriebe die Übersetzung

$$u_3 = \frac{d_2}{d_3} \tag{42}$$

Die Gesamtübersetzung e_4 zur niedrigsten Enddrehzahl wird also gebildet durch

$$e_4 = u_2 \cdot u_3. \tag{43}$$

Schreibt man die Werte der Teilübersetzungen aus Gleichung (40) und (43) an die betreffenden Verbindungslinien der Drehzahlpunkte im Aufbaunetz der Textabb. 14 u. 15 an, so ergeben sich aus den parallelen Übersetzungslinien im zweiten Teilgetriebe für die beiden noch fehlenden mittleren Endübersetzungen die Gleichungen

$$e_2 = u_1 \cdot u_3 \tag{44}$$
$$e_3 = u_2 \cdot u_4 \tag{45}$$

Das sind aber diejenigen Endübersetzungen, bei denen die gebundenen Räder als Zwischenrad wirken. Durch die vier Gleichungen (40, 43, 44, 45) wird das Gesetz der größenmäßigen Reihenfolge der Endübersetzungen infolge der doppelten Bindung ausgedrückt.

Die Bedingungen infolge der geometrischen Stufung:

Aus dem Aufbaunetz (Textabb. 15) kann man ferner die Bedingungen ablesen, die bei geometrischer Stufung der Enddrehzahlen erfüllt sein müssen; beim vierstufigen Getriebe lauten sie

$$u_1 = u_2 \cdot \varphi^2 \tag{46}$$
$$u_4 = u_3 \cdot \varphi \tag{47}$$

Bei den sechs- und neunstufigen Getrieben kann man sich jeweils ein vierstufiges doppelt gebundenes Getriebes gewissermaßen herausschälen, wie Textabb. 16 für ein sechsstufiges Getriebe zeigt. In diesem Fall bilden die Räder 1 bis 6 ein Rumpfgetriebe, zu dem ein weiteres Räderpaar 7, 8 zwischen Welle I und II ohne Bindung hinzugefügt ist. Die Berechnung dieser zugefügten Räder bereitet keinerlei Schwierigkeiten. Es kommt daher in erster Linie darauf an, für die vierstufigen Rumpfgetriebe den Rechnungsgang durchzuführen.

Es ist ohne weiteres klar, daß für ein solches Rumpfgetriebe die gleichen Bedingungen für die größenmäßige Reihenfolge der Endübersetzungen gelten müssen, wie für das vierstufige Getriebe. Die beiden Gleichungen für die geometrische Stufung ändern sich jedoch je nach der Form des Aufbaunetzes, das diesem Rumpfgetriebe zugrunde gelegt werden soll.

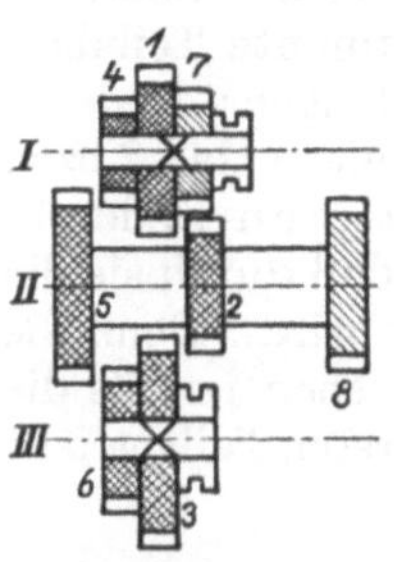

Abb. 16. Sechsstufiges doppelt gebundenes Getriebe (Rumpfgetriebe gekreuzt schraffiert).

Da für Getriebe, deren Gesamtübersetzungen ins Langsame gehen sollen, der Sprung zwischen den beiden Übersetzungen des ersten Teilgetriebes größer sein muß als der Sprung zwischen den Übersetzungen des zweiten Teilgetriebes, lassen sich auch für die praktisch in Frage kommenden sechs- und neunstufigen Getriebe nicht sämtliche Aufbaumöglichkeiten aus Tafel V anwenden. Textabb. 17 stellt die entsprechend ausgewählten Netze dar. Bei diesen Netzen sind jeweils die Aufbaumöglichkeiten für die Rumpfgetriebe durch stark ausgezogene Linien verdeutlicht und die ohne Bindung hinzugefügten Übersetzungen sind durch gestrichelte Linien dargestellt worden.

Wir sehen aus Textabb. 17, daß der Sprung im ersten Teilgetriebe keineswegs auf den Wert φ^2, der Sprung im zweiten Teilgetriebe keineswegs auf den Wert φ

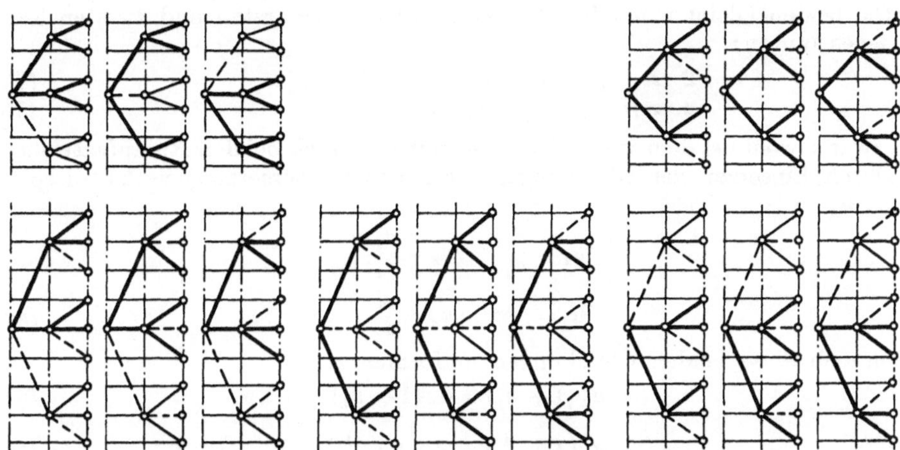

Abb. 17. Aufbaumöglichkeiten der 6- und 9stufigen doppelt gebundenen Getriebe (Rumpfgetriebe stark aus-gezogen).

beschränkt bleibt. Vielmehr lauten die Gleichungen für geometrische Stufung ganz allgemein bei einem solchen Rumpfgetriebe

$$u_1 = u_2 \cdot \varphi^m \tag{48}$$
$$u_4 = u_3 \cdot \varphi^n , \tag{49}$$

wobei für die Getriebe, deren Übersetzungen im Mittel ins Langsame gehen, nur die Bedingung besteht, daß

$$m > n \tag{50}$$

Bei den sechsstufigen Rumpfgetrieben kann man für diese beiden Exponenten m und n aus Textabb. 17 folgende Werte entnehmen:

$$m = 2; \quad n = 1; \qquad m = 4; \quad n = 1;$$
$$m = 3; \quad n = 1; \qquad m = 3; \quad n = 2;$$

und bei den neunstufigen Rumpfgetrieben:

$$m = 3; \quad n = 1; \qquad m = 6; \quad n = 1;$$
$$m = 3; \quad n = 2; \qquad m = 6; \quad n = 2.$$

Man kann sehr leicht feststellen, welche von diesen Möglichkeiten die günstigste Getriebegröße ergibt. Einerseits müssen beide Exponenten möglichst hohe Werte haben, denn je größer der Sprung zwischen beiden Übersetzungen ist, um so kleiner kann der Achsenabstand gehalten werden. Andererseits müssen beide Werte für m und n einen möglichst geringen prozentualen Unterschied besitzen, damit der Unterschied zwischen beiden Achsabständen $A_{I,\,II}$ und $A_{II,\,III}$ nicht zu groß wird. Diese beiden Bedingungen sind sowohl beim sechsstufigen als auch beim neunstufigen Getriebe am besten durch die Werte

$$m = 3; \quad n = 2 \tag{51}$$

erfüllt, so daß also zur Berechnung der sechs- und neunstufigen Getriebe folgende Gleichungen für die geometrische Stufung zugrunde gelegt werden sollen:

$$u_1 = u_2 \cdot \varphi^3 \tag{52}$$
$$u_4 = u_3 \cdot \varphi^2 \tag{53}$$

Somit sind für die brauchbaren doppelt gebundenen Getriebe die Bedingungen für geometrische Stufung ermittelt.

Die Achsabstandsbeziehung:

Die beiden Gleichungen für den Achsabstand des ersten und zweiten Teilgetriebes lauten:

$$2 \cdot A_{\text{I, II}} = d_1 + d_2 = d_4 + d_5 \tag{54}$$
$$2 \cdot A_{\text{II, III}} = d_2 + d_3 = d_5 + d_6 \tag{55}$$

und zwar sowohl bei dem vierstufigen Getriebe als auch bei den Rumpfgetrieben.

Durch Einsetzen der Gleichungen für die vier Übersetzungsverhältnisse $u_1 \ldots u_4$

$$u_1 = \frac{d_1}{d_2}; \quad u_2 = \frac{d_4}{d_5};$$
$$u_3 = \frac{d_2}{d_3}; \quad u_4 = \frac{d_5}{d_6} \tag{56}$$

lassen sich diese beiden Gleichungen umformen zu:

$$d_2 (1 + u_1) = d_5 (1 + u_2) \tag{57}$$

und

$$d_2 \left(1 + \frac{1}{u_3}\right) = d_5 \left(1 + \frac{1}{u_4}\right) \tag{58}$$

Faßt man diese beiden Gleichungen zusammen, so folgt daraus:

$$\frac{1 + u_1}{1 + u_2} = \frac{1 + \dfrac{1}{u_3}}{1 + \dfrac{1}{u_4}}, \tag{59}$$

eine Gleichung, die wir die Achsabstandsgleichung dieser Getriebe nennen wollen. Sie besteht in einer bestimmten Abhängigkeit der vier Teilübersetzungen untereinander und zeigt, daß wir nur drei Teilübersetzungen frei wählen können, die vierte liegt sodann eindeutig fest und läßt sich aus der entsprechend umgeformten Gleichung (59) errechnen.

Zusammenfassung der mathematischen Bedingungen:

Wir haben im ganzen drei verschiedene mathematische Bedingungen für unser Getriebe aufstellen können:

1. Reihenfolge der Endübersetzungen infolge der doppelten Bindung:

$$e_1 = u_1 \cdot u_4 \tag{40}$$
$$e_2 = u_1 \cdot u_3 \tag{44}$$
$$e_3 = u_2 \cdot u_4 \tag{45}$$
$$e_4 = u_2 \cdot u_3 \tag{43}$$

2. Reihenfolge der Endübersetzungen infolge der geometrischen Stufung, und zwar beim vierstufigen Getriebe:

$$u_1 = u_2 \cdot \varphi^2 \tag{46}$$
$$u_4 = u_3 \cdot \varphi \tag{47}$$

bzw. beim sechs- und neunstufigen Getriebe:

$$u_1 = u_2 \cdot \varphi^3 \tag{52}$$
$$u_4 = u_3 \cdot \varphi^2 \tag{53}$$

3. Achsabstandsgleichung:

$$\frac{1 + u_1}{1 + u_2} = \frac{1 + \dfrac{1}{u_3}}{1 + \dfrac{1}{u_4}} \tag{59}$$

In diesen sieben voneinander unabhängigen Gleichungen haben wir im ganzen neun Unbekannte:

Vier Gesamtübersetzungen: e_1, e_2, e_3, e_4.

Vier Teilübersetzungen: u_1, u_2, u_3, u_4.

Den Stufensprung: φ

Also sind wir bei zwei dieser Unbekannten in der Wahl völlig frei, die übrigen ergeben sich sodann zwangläufig aus den aufgestellten Gleichungen.

Als unabhängige Veränderliche wählen wir mit Rücksicht auf die Drehzahlnormung den Stufensprung φ und eine Endübersetzung, etwa e_1. Die drei übrigen Endübersetzungen erhalten dann infolge der beiden Gleichungen für die geometrische Stufung bei Wahl von normalen φ und e_1 notwendig gleichfalls normale Werte.

Durch einfache Umformung und Zusammenfassung erhält man aus den sieben unabhängigen Gleichungen je vier Gleichungen für die vier Teilübersetzungen u_1 bis u_4 in Abhängigkeit von φ und e_1, und zwar bei den vierstufigen Getrieben:

$$u_1 = \varphi - e_1\left(1 + \frac{1}{\varphi}\right) \tag{60}$$

$$u_2 = \frac{u_1}{\varphi^2}; \qquad u_4 = \frac{e_1}{u_1}; \qquad u_3 = \frac{u_4}{\varphi}$$

bzw. für die vier Teilübersetzungen u_1' bis u_4' der Rumpfgetriebe für die sechs- und neunstufigen Getriebe:

$$u_1' = \varphi\,(\varphi + 1) - e_1 \cdot \frac{\varphi^3 - 1}{\varphi - 1} \tag{61}$$

$$u_2' = \frac{u_1'}{\varphi^3}; \qquad u_4' = \frac{e_1}{u_1'}; \qquad u_3' = \frac{u_4'}{\varphi^2}$$

Diese vier Gleichungen (60) bzw. (61) gestatten die eindeutige rechnerische Festlegung jedes doppelt gebundenen Getriebes für geometrische Drehzahlreihen, wenn wir seinen Stufensprung φ und seine Gesamtübersetzung e_1 gewählt haben. Bei der Wahl von φ und e_1 werden uns durch die mathematischen Bedingungen des Getriebes keinerlei Beschränkungen auferlegt.

Die konstruktive Ausführbarkeit:

Daß wir unter diesen mathematisch-möglichen Getrieben noch eine Auswahl treffen müssen, geschieht einerseits mit Rücksicht auf die Drehzahlnormung, die bestimmte Werte für φ und e_1 vorschreibt, andererseits mit Rücksicht darauf, daß die Übersetzungsverhältnisse praktisch nicht beliebig hohe Werte annehmen können, wenn brauchbare Konstruktionen entstehen sollen. Mit Rücksicht auf den höchstzulässigen Unterschied der Durchmesser wollen wir nur solche Getriebe als brauchbar ansehen, die keine Übersetzung höher als 1:4 ins Langsame oder 2:1 ins Schnelle aufweisen.

Wir hatten auf Seite 41 an Hand von Abb. 27 der Tafel IV bereits feststellen können, daß

$$u_1 > u_2$$
$$u_4 > u_3$$

ist. Die Einengung durch die Übersetzungsgrenze 2:1 gilt also für die Teilübersetzungen u_1 und u_4, die Einengung durch die Grenze 1:4 für die Teilübersetzungen u_2 und u_3.

Setzt man diese Begrenzungen in die vier Gleichungen für die Teilübersetzungen (60) bzw. (61) ein, so zeigt sich, daß uns diese höchstzulässigen Übersetzungen in der Wahl der Endübersetzung e_1 beschränken. Sie setzen für jeden Stufensprung der Drehzahlnormung einen gewissen Bereich fest, zwischen einem größten und kleinsten e_1. Nur innerhalb dieses Bereiches kann e_1 beliebig gewählt werden. Denn nach entsprechender Umformung ergeben sich aus den Gleichungen (60) bzw. (61) durch Einsetzen der jeweils gültigen Grenze die Gleichungen:

$$u_1 \lessgtr 2:1; \quad e_1 \geq \frac{\varphi-2}{1+\dfrac{1}{\varphi}} \left.\right\} \quad \text{untere Grenze für } e_1 \tag{62}$$

$$u_3 \geq 1:4; \quad e_1 \geq \frac{\varphi^2}{5+\varphi} \tag{63}$$

$$u_2 \geq 1:4; \quad e_1 \leq \frac{\varphi^2(4-\varphi)}{4(\varphi+1)} \left.\right\} \quad \text{obere Grenze für } e_1 \tag{64}$$

$$u_4 \lessgtr 2:1; \quad e_1 \leq \frac{2\varphi^2}{3\varphi+2} \tag{65}$$

bzw.

$$u_1' \leq 2:1; \quad e_1 \geq \varphi^2 \cdot \frac{\varphi^3-3\varphi+2}{\varphi^3-1} \left.\right\} \quad \text{untere Grenze für } e_1 \tag{66}$$

$$u_3' \geq 1:4; \quad e_1 \geq \varphi^3 \cdot \frac{\varphi^2-1}{4\varphi-5+\varphi^3} \tag{67}$$

$$u_2' \geq 1:4; \quad e_1 \leq \varphi^3 \cdot \frac{\varphi^3+5\varphi^2-4}{\varphi^3-1} \left.\right\} \quad \text{obere Grenze für } e_1 \tag{68}$$

$$u_4' \leq 2:1; \quad e_1 \leq 2\varphi^3 \cdot \frac{\varphi^2-1}{3\varphi^3-\varphi^2-2} \tag{69}$$

Es handelt sich nun darum, von diesen unteren bzw. oberen Grenzen für e_1 jeweils die engere zu finden. Zu diesem Zweck hat man die rechten Seiten der Gleichungen zahlenmäßig auszurechnen, indem man für φ nacheinander die sechs Stufensprünge der Drehzahlnormung einsetzt. Man erkennt dann, daß bei den vierstufigen Getrieben die untere Grenze durch $u_3 = 1:4$ und die obere Grenze durch $u_2 = 1:4$, bei den Rumpfgetrieben dagegen die untere Grenze durch $u_3' = 1:4$ und die obere durch $u_4' = 2:1$ gebildet wird. Innerhalb der so gefundenen Bereiche muß man nun für sämtliche Normwerte für e_1 nach Tafel II Abb. 16 und für die normalen Stufensprünge die Gleichungen (60) bzw. (61) zahlenmäßig auswerten.

Das Ergebnis:

Nach Ausführung dieser Rechnung können wir nun sämtliche doppelt gebundenen Getriebe für vier, sechs und neun Stufen zur Erzeugung von Richtdrehzahlen angeben. Für die Reihe 1,12 und die Reihe 1,26 bestehen nur je 6 vierstufige Getriebe, für die übrigen Stufensprünge noch weniger. Insgesamt gibt es nur die sehr geringe Anzahl von 24 vierstufigen und 21 Rumpfgetrieben. Es ist einleuchtend, daß durch unsystematisches Probieren diese wenigen Getriebe wohl schwerlich aufzufinden sind. Eine systematische Rechnung hat den Weg zu ihnen erschlossen.

Für diese wenigen Getriebe aber lohnt es sich, daß die zahlenmäßige Berechnung der Übersetzungsverhältnisse und Durchmesser ein für allemal ausgeführt und das Ergebnis in übersichtlicher Form niedergelegt wurde. Denn nur dieses Ergebnis braucht der Konstrukteur zu kennen, wenn er ein solches Getriebe verwenden will. Um sofort einen guten Überblick über den Aufbau dieser Getriebe zu erhalten, sind in Tafel XII u. XIII die Drehzahlbilder der 24 doppelt gebundenen vierstufigen Getriebe geordnet nach dem Stufensprung φ und der Endübersetzung

e_1 und in Tafel XIV u. XV die Drehzahlbilder der 21 Rumpfgetriebe dargestellt worden. An die Übersetzungslinien wurde jeweils der mit dem 50 cm-Rechenstab ermittelte Zahlenwert angeschrieben. Sollte die Rechenschiebergenauigkeit nicht ausreichend erscheinen, so ist es ohne weiteres möglich, genauere Werte mit Hilfe der Logarithmentafel zu errechnen.

In die Drehzahlbilder der Rumpfgetriebe sind die zuzufügenden nichtgebundenen Übersetzungen eingezeichnet. Für die neunstufigen Getriebe verändert die Zufügung des Übersetzungsverhältnisses im ersten Teilgetriebe, wenn sie oben erfolgt, den Wert der Gesamtübersetzung e_1 und bewirkt ferner, daß der konstruktiv ausführbare Bereich noch enger gezogen werden muß, als mit Rücksicht auf die gebundenen Teilübersetzungen allein. Aus den Drehzahlbildern sind diese neuen Grenzen ohne Schwierigkeit abzulesen.

Die Tafeln XII bis XV geben eine anschauliche Übersicht über die Verteilung der Übersetzungsverhältnisse. Man sieht aus den Tafeln XII u. XIII z. B., wie am Anfang der Gruppe für jeden Stufensprung die Übersetzung u_3 (zwischen Welle II und III) etwa gleich 1:4 ist. Größere Übersetzungen hatten wir mit Rücksicht auf die konstruktive Ausführbarkeit nicht zugelassen. In der Mitte jeder Gruppe haben alle vier Übersetzungen etwa die gleiche Verteilung, am Ende des Bereiches strebt das Übersetzungsverhältnis u_2 (zwischen Welle I und II) der Grenze 1:4 zu.

Wichtiger noch für den Gebrauch sind jedoch die Tafeln XVI bis XVIII, in denen der Inhalt der Drehzahlbilder in eine für den Praktiker greifbare Form gebracht worden ist. Diese Abbildungen enthalten alle notwendigen Angaben zur Ermittlung der Zähnezahlen sämtlicher einzelnen Räder und damit die wichtigsten Unterlagen für die konstruktive Durchbildung des Getriebes. Die Raddurchmesser sind maßstäblich verkleinert. Das kleinste Rad hat jeweils als Durchmesser die Einheit „1" erhalten, so daß die Werte der übrigen Räder das Verhältnis ihrer Teilkreisdurchmesser zu dem des kleinsten Rades ausdrücken. Dadurch kann man, sobald die Zähnezahl z_k des kleinsten Rades gewählt ist, die Zähnezahlen der übrigen Räder in einfacher Weise durch Multiplikation von z_k mit den angegebenen Zahlen ermitteln.

Diese einfache Berechnungsart ist eine Folge der Auswahlgesetze, die die Drehzahlnormung mit sich gebracht hat. Auch hier also haben wir bestätigt gefunden, daß die Einschränkungen infolge der Drehzahlnormung für den Konstrukteur nicht zu lästigen Fesseln, sondern im Gegenteil zu einer unentbehrlichen Hilfe werden können, wenn er sich alle ihre Vorteile zunutze macht.

Dritter Teil.

Die gekoppelten Getriebe.

1. Formen und Anordnungen.

Der Begriff der „Kopplung" innerhalb eines Getriebes, d. h. die gleichachsige Anordnung gewisser Wellen von mehrachsigen durch Hintereinanderschaltung entstandenen Getrieben und die Verbindung dieser Wellen durch eine Kupplungsmöglichkeit, führt zu einer weiteren Gruppe von Getrieben, die sowohl zweiachsige als auch mehrachsige Anordnungen umfasst. Ihre einfachsten Getriebe, als deren Weiterbildung man die übrigen Getriebe dieser Art ansprechen kann, sind die Getriebe der „Vorgelegeform", an denen alle Besonderheiten dieser Getriebegruppe bereits klar zu erkennen sind.

a) Die Getriebe der Vorgelegeform.

Unter Getriebe der Vorgelegeform wird man zunächst die bekannte Anordnung nach Tafel XIX Abb. 35 verstehen. Von einer Stufenscheibe (oder einem Zahnrad) auf einer losen Buchse a auf Welle I ausgehend werden dieser gleichen Welle I zwei Drehzahlen erteilt, indem sie mit der Buchse a entweder durch die Kupplung K_1 unmittelbar, oder durch die Kupplung K_2 über die beiden Räderpaare 1,2 und 4, 3 verbunden wird. Ohne die spätere systematische Ableitung zu kennen, wird man dieses Getriebe in eine Reihe mit den im ersten Teil behandelten einfachen zweiachsigen Getrieben der Tafel I bringen und feststellen, daß es gegenüber diesen Getrieben drei kennzeichnende Unterschiede besitzt:

1. Treibende Scheibe (Rad, Welle, Buchse) a und getriebene Welle I haben die gleichen Achsen. Welle I ist die getriebene Welle, nicht mehr Welle II.

2. Eine Drehzahl der getriebenen Welle stimmt notwendig mit der Antriebsdrehzahl n_a überein, da sie durch direkte Kupplung erzeugt wird. Bei den einfachen zweiachsigen Getrieben war es möglich, durch ein Übersetzungsverhältnis 1:1 eine Drehzahl der getriebenen Welle mit der Drehzahl der treibenden Welle in Übereinstimmung zu bringen, eine Übersetzung 1:1 war aber nicht die notwendige Folge der Getriebeformen.

3. Die zweite Drehzahl wird über zwei hintereinandergeschaltete Räderpaare 1,2 und 4,3 erzeugt. Diese zwei Räderpaare erlauben, eine größere Übersetzung zu erzeugen als ein einzelnes Paar, ohne konstruktiv ungünstige Raddurchmesser zu ergeben. Deshalb sind die Getriebe der Vorgelegeform überall dort besonders günstig, wo ein großer Sprung zwischen beiden Drehzahlen verlangt wird, also als Vervielfachungsgetriebe.

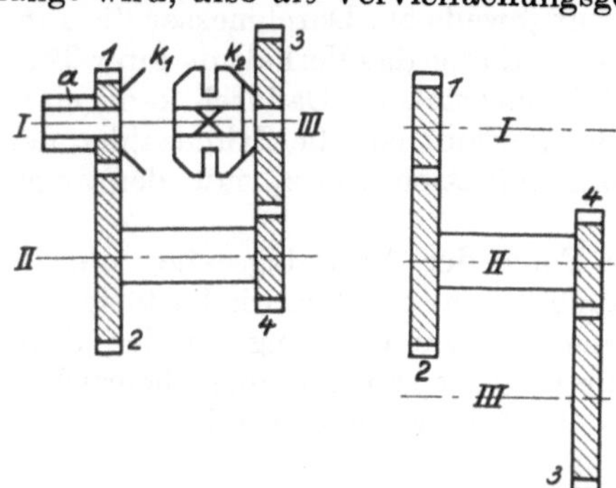

Abb. 18. Getriebe der Vorgelegeform mit zwei Kuppelungen auf Welle I.

Abb. 19. Entstehung des Getriebes nach Textabb. 18 aus zwei hintereinandergeschalteten Räderpaaren.

Diese Unterschiede beruhen auf der eigentlichen Herkunft dieser Getriebeform, die in der in Abb. 35 der Tafel XIX dargestellten Anordnung allerdings weniger klar in Erscheinung tritt. Betrachten wir aber die Anordnung nach Textabb. 18, die die gleichen Eigenschaften besitzt, so finden wir, daß ein solches Getriebe aus einer dreiachsigen Räderkette entsprechend Textabb. 19 besteht (Räder 1, 2 und 4, 3), also in Wirklichkeit ein dreiachsiges durch Hintereinanderschaltung entstandenes Getriebe als Grundform aufweist, dessen beide Teilgetriebe hier von aller einfachster Art sind und nur je eine einzige Drehzahl erzeugen, also nur je ein Räderpaar besitzen. Das zugrundeliegende mehrachsige Getriebe erzeugt hier im ganzen $1 \cdot 1 = 1$ Drehzahl. Bei diesem Grundgetriebe ist nun Welle III konstruktiv so angeordnet worden, daß sie gleichachsig mit Welle I zu liegen kommt und zwischen Welle I und III ist eine doppelte Kupplung eingebaut, die es ermöglicht:

1. Räderkette 1, 2, 4, 3 der Grundform einzuschalten (K_2).

2. Welle I unmittelbar mit Welle II zu kuppeln (K_1).

Auf diese Weise erhält das Getriebe im ganzen zwei Drehzahlen mit den gekennzeichneten Besonderheiten. Das Gesetz für die Erzeugung dieser zwei Drehzahlen läßt sich folgendermaßen in Form einer Gleichung ausschreiben:

$$1 \cdot 1 + 1 = 2$$

In dieser Gleichung bedeutet der z w e i t e Summand die infolge der Kupplung mit der Ausgangsdrehzahl übereinstimmende Enddrehzahl, der erste Summand die durch das Vorgelege erzeugten Enddrehzahlen. Seine Faktoren stellen (entsprechend Seite 25) Anzahl, Stufenzahl und Reihenfolge der im Vorgelege enthaltenen Teilgetriebe dar.

Ein solches Getriebe für zwei Drehzahlen muß also im ganzen vier Räder besitzen, und zwei Kupplungen, die niemals gleichzeitig eingeschaltet sein dürfen. Von den Rädern befinden sich je zwei auf jeder Welle. Die beiden Kupplungen können auf verschiedene Weise angeordnet sein. Bei Abb. 35 auf Tafel XIX besteht die eine „Kupplung" in dem bekannten exzentrischen Herausschwenken der Vorgelegewelle II, die zweite Kupplung in dem Schnappstift zwischen Rad 3 und Stufenscheibe. In Textabb. 18 befinden sich beide Kupplungen auf Welle I. Gegenüber Abb. 35 auf Tafel XIX besitzt diese Anordnung den Nachteil, daß beide Räderpaare auch bei d i r e k t e r Kupplung mitlaufen (wenn auch im Leerlauf) und dadurch Verluste und Geräusch verursachen. Textabb. 20 zeigt eine weitere Anordnungsmöglichkeit. Hier ist je eine Kupplung auf jede Welle verteilt. Bei dieser Anordnung empfiehlt sich eine selbsttätige Sperrung beider Kupplungen gegeneinander, z. B. in der einfachen Form eines zweiarmigen Hebels, wie dies in Textabb. 20 schematisch angedeutet wurde.

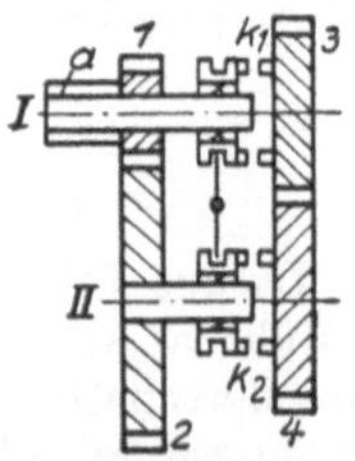

Abb. 20. Getriebe der Vorgelegeform mit je e i n e r Kupplung auf jeder Welle.

Wiederum anders ist die Durchbildung der beiden notwendigen Kupplungen bei dem zweistufigen Vorgelegegetriebe nach Abb. 41 auf Tafel XIX. Da ein Schieberad eine Kupplung ersetzt, kommt man hier allein mit der e i n e n d i r e k t e n Kupplung aus. In dieser Anordnung, die als Weiterbildung von Textabb. 18 aufzufassen ist, läuft die Vorgelegewelle gleichfalls dauernd mit, nur Rad 3 (das in diesem Fall als Schieberad ausgebildet wird) ist gegenüber Abb. 18 bei direkter Kupplung nicht mehr in Eingriff. Bewirkt man schließlich auch die d i r e k t e Kupplung durch das Schieberad und eine Innenverzahnung als weitere Verzahnung in Rad 1, so erhält man ein Getriebe nach Abb. 42 auf Tafel XIX, das die geringste axiale Baulänge von allen zweistufigen Getrieben der Vorgelegeform aufweist.

Es liegt nahe, diese einfachsten Getriebe der Vorgelegeform dadurch zu erweitern, daß man in der mehrachsigen Grundform an Stelle der einfachen Räderpaare (1, 2 und 3, 4) mehrstufige Getriebe setzt, z. B. einfache zweiachsige Schieberadgetriebe, wie sie im ersten Teil behandelt wurden. Bei Verwendung eines Zweierblockes im zweiten Teilgetriebe an Stelle des einen Schieberades der Abb. 41 auf Tafel XIX entsteht auf diese Weise eine Anordnung mit im ganzen $1 \cdot 2 + 1 = 3$ Enddrehzahlen (Abb. 43 der Tafel XIX), bei Verwendung dreier Schieberäder eine Anordnung mit $1 \cdot 3 + 1 = 4$ Enddrehzahlen (Abb. 44 der Tafel XIX), ein Schema, das bei Kraftwagengetrieben üblich ist. In der letzten Stufe ist hier noch ein Zwischenrad für den Rückwärtsgang eingefügt.

Bei allen diesen Getrieben ist die Erweiterung durch einen Schieberadblock auf Welle I erfolgt. Man kann den Schieberadblock auch auf Welle II anordnen und zwar sowohl an Stelle der Übersetzung u_1 in Abb. 35 der Tafel XIX, also im ersten Teilgetriebe (Abb. 36 dieser Tafel), als auch an Stelle der Übersetzung u_2, also im zweiten Teilgetriebe. Bei zweistufigem Schieberadblock, wie in Abb. 36 auf Tafel XIX dargestellt, erhält man Getriebe mit im ganzen $2 \cdot 1 + 1 = 3$ (bzw. $1 \cdot 2 + 1 = 3$) Drehzahlen, die als „doppelte Vorgelege" z. B. bei Drehbänken bekannt sind. Der Name „doppeltes Vorgelege" läßt erkennen, daß diese d r e i s t u f i g e n Getriebe auf eine z w e i s t u f i g e Grundform zurückzuführen sind.

Sind **beide** Teilgetriebe der Grundform zweistufig, etwa zwei Schieberadgetriebe, so entsteht ein gekoppeltes Getriebe für

$$2 \cdot 2 + 1 = 5$$

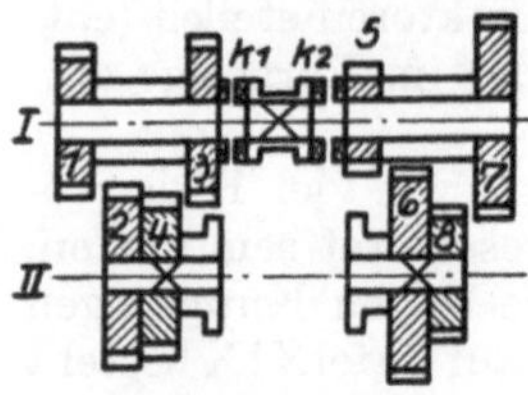

Abb. 21. Fünfstufiges gekoppeltes Getriebe.

Drehzahlen (Textabb. 21), dessen Grundgetriebe bereits aus Abb. 22 der Tafel XIV bekannt ist. Das Gesetz für die Stufenzahl läßt erkennen, daß man mit einem gekoppelten Getriebe alle jene Stufenzahlen erzeugen kann, die um eins größer sind als die Stufenzahlen der mehrachsigen, durch Hintereinanderschaltung entstandenen Getriebe, d. h.

$$5 = 4 + 1 \qquad (10 = 9 + 1) \qquad 17 = 16 + 1$$
$$7 = 6 + 1 \qquad 11 = 10 + 1 \qquad 19 = 18 + 1$$
$$(9 = 8 + 1) \qquad 13 = 12 + 1$$

Daraus folgt, daß **sämtliche** Stufenzahlen ohne Ausnahme konstruktiv ausführbar sind, teils allein durch Hintereinanderschaltung, teils durch Hintereinanderschaltung in Verbindung mit Kopplung. Einen Überblick über die Erzeugungsmöglichkeit der Stufenzahlen zwischen 1 und 20 soll Textabb. 22 geben. Im allgemeinen ist diese Tabelle ohne weiteres verständlich. Es bedarf nur eines Beispieles dafür, wie ein Getriebe mit **mehrfacher** Kopplung konstruktiv anzuordnen ist. Als Beispiel soll uns dazu das elfstufige Getriebe dienen in der Aufteilung:

$$11 = (2 \cdot 2 + 1) \cdot 2 + 1.$$

Stufenzahl	Einfaches zweiachsiges Getriebe	Dreiachsiges Getriebe	Vierachsiges Getriebe	Gekoppeltes Getriebe	Stufenzahl	Dreiachsiges Getriebe	Vier- und mehrachsiges Getriebe	Gekoppeltes Getriebe
1	1	1·1	1·1·1		11			5·2+1 2·5+1 (2·2+1)·2+1
2	2	2·1 1·2	usw.	1·1+1	12	4·3; 6·2 3·4; 2·6	3·2·2 2·3·2 2·2·3	
3	3	3·1 1·3		2·1+1 1·2+1	13			4·3+1 3·2·2·1+1 3·4+1 usw.
4	2+2	2·2		3·1+1 1·3+1	14			(3·2+1)·2 (2·3+1)·2
5	2+3 3+2			2·2+1	15	5·3 3·5		(3·2+1)·2+1 (2·3+1)·2+1
6	3+3*	3·2 2·3			16		4·2·2 2·2·2·2	
7				3·2+1 2·3+1	17			4·2·2·1+1 usw. 2·2·2·2+1
8		4·2 2·4	2·2·2		18		3·3·2 3·2·3 2·3·3	(4·2+1)·2 (2·4+1)·2
9		3·3		4·2+1 2·4+1	19			3·3·2·1+1 usw.
10		5·2 2·5		3·3+1 (2·2+1)·2	20		5·2·2	(2·2+1)·2·2

* **Höhere Stufenzahlen durch Schwenkradgetriebe.**

Abb. 22. Übersichtstafel über Erzeugungsmöglichkeiten der Stufenzahlen von 1 bis 20.

Eine Anordnung hierfür zeigt Textabb. 23, bereits ein recht verwickeltes Schema, das nicht zur praktischen Ausführung lockt. Aber es muß festgehalten werden, daß, wie Textabb. 23 beweist, keine grundsätzlichen Schwierigkeiten für die Erzeugung sämtlicher Stufenzahlen zwischen 1 und 20 bestehen.

b) Die Getriebe der Windungsform.

Durch axiales Aneinanderfügen von zweiachsigen Getrieben der Vorgelegeform entstehen weitere Anordnungsmöglichkeiten, die man je nach der Art der Aneinanderfügung

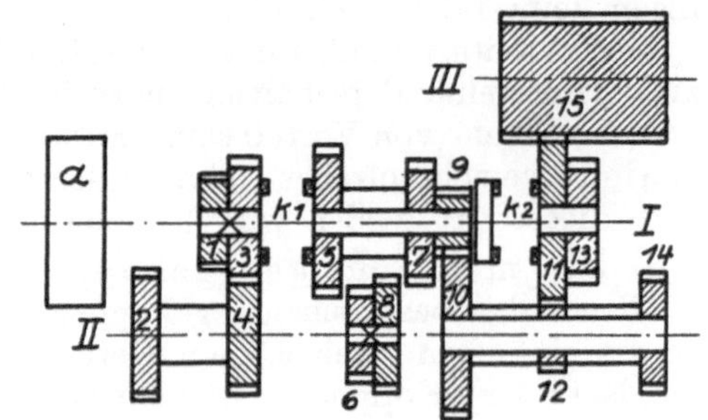
Abb. 23. Elfstufiges gekoppeltes Getriebe.

in zwei Gruppen teilen kann: Die Getriebe der Windungs- und die Getriebe der Ruppertform.

Das vierstufige Getriebe der Windungsform ergibt sich, wie Textabb. 24 zeigt, aus zwei umgekehrt zueinanderstehenden Getrieben der zweistufigen Vorgelegeform entsprechend Textabb. 18 dadurch, daß man die beiden mittleren Räderpaare (3′, 4′ und 1″, 2″) in ein einziges Räderpaar (3, 4) zusammenfallen läßt. Der Name „Windungsform“ ist infolge des ωförmig gewundenen Weges bei der Drehzahlstufe: Rad 1 — 2 — 4 — 3 — 5 — 6, gewählt worden.

Textabb. 24 zeigt eine Windungsgetriebe der reinen Kupplungsform. In der Ausführung mit Schieberädern hat das vierstufige Getriebe mit Windungsstufe ein Schema nach Abb. 45 auf Tafel XX, das sich aus zwei entsprechenden zweistufigen Schieberadgetrieben der Vorgelegeform (Abb. 41 auf Tafel XIX) zusammensetzt. Bei dieser Form kann jedes der beiden Teilgetriebe in gleicher Weise wie das zweistufige Getriebe der Vorgelegeform selbst durch Blockbildung erweitert werden, so daß Getriebe mit Windungsstufen entstehen, bei denen entweder nur das eine oder beide Schieberäder durch Schieberadblöcke ersetzt werden. Abb. 46, 47 und 48 der Tafel XX zeigen drei konstruktiv günstige Möglichkeiten für solche Erweiterung.

c) Die Getriebe der Ruppertform.

Eine andere Möglichkeit der Weiterbildung des zweistufigen Vorgelegegetriebes ergibt sich durch axiales Hintereinanderschalten zweier gleichgerichtet stehender Getriebe der Textabb. 20 und Verschmelzung der mittleren Räder. Dadurch ent-

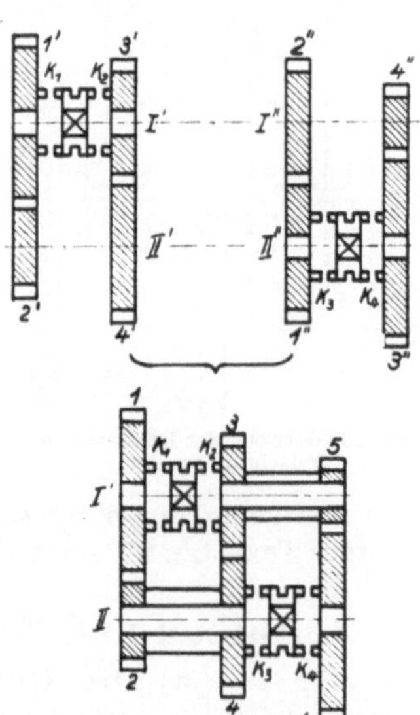
Abb. 24. Vierstufiges Getriebe der Windungsform (Ableitung aus zwei Getrieben der Vorgelegeform veranschaulicht).

steht eine Anordnung, die Abb. 53 auf Tafel XXI zeigt. Bei Verschmelzung von drei zweistufigen Vorgelegegetrieben entsteht eine Anordnung nach Abb. 54 dieser Tafel, d. h. das sog. Ruppertgetriebe, das sein Erfinder allerdings in einer etwas anderen Gruppierung der Kupplungen und Buchsen (Abb. 55 der Tafel) entworfen hat. Wir haben aber bereits oben bei der Grundform, dem zweistufigen Vorgelegegetriebe, gezeigt, daß die Anordnung der Kupplungen nicht das Kennzeichnende dieser Getriebeformen ist. Durch Abb. 54 u. 55 der Tafel XXI sind die Anordnungsmöglichkeiten der sechs für dieses Getriebe notwendigen Kupplungen keinesfalls erschöpft.

Eine Erweiterung über das achtstufige Ruppertgetriebe hinaus durch vierfache axiale Hintereinanderschaltung usw. ist theoretisch denkbar, dürfte aber praktisch nicht mehr von Vorteil sein. Es würde sich in solchem Fall eher empfehlen, ein nicht verschmolzenes Getriebe der Vorgelegeform nachzuschalten. Alle Getriebe dieser Art wollen wir Getriebe der Ruppertform nennen.

d) Die mehrachsigen gekoppelten Getriebe.

Allen bisher besprochenen gekoppelten Anordnungen war gemeinsam, daß sie wie die einfachen zweiachsigen Getriebe nur zwei Achsen besaßen. Mit dem Grundsatz der „Kopplung" ist aber keineswegs eine Beschränkung auf nur zwei Achsen verknüpft. So kann man an Stelle von z w e i hintereinandergeschalteten und gekoppelten Räderpaaren — eine Anordnung, die zur zweistufigen Vorgelegeform führte — z. B. v i e r Räderpaare hintereinanderschalten und zwar derart, daß sowohl Welle I mit Welle V als auch Welle II mit Welle IV gleichachsig wird (Abb. 37 der Tafel XIX. Gekuppelt wird bei dieser Anordnung sowohl auf Achse I (Wellen I und V) durch das Kupplungspaar K_1, K_2 als auch auf Achse II (Wellen II und IV) durch das Kupplungspaar K_3, K_4 und es entsteht im Ganzen ein dreistufiges Getriebe, also wiederum ein sog. „doppeltes Vorgelege", bei dem die Enddrehzahlen aber n o c h g r ö ß e r e Unterschiede aufweisen können, als bei der Anordnung nach Abb. 36 der Tafel XIX. Denn die dritte Enddrehzahl wird hierbei durch im ganzen vier Räderpaare anstatt durch zwei Räderpaare hergestellt.

Es braucht wohl kaum erwähnt zu werden, daß auch bei diesen mehrachsigen gekoppelten Getrieben eine andere Anordnung der Kupplungen oder ihr Ersatz durch Schieberäder (etwa nach Abb. 38 bis 40 auf Tafel XIX) oder die Erweiterung der Stufenzahl der Teilgetriebe z. B. durch Schieberäderblöcke möglich ist, genau wie bei der Ausgangsform, den zweistufigen, zweiachsigen Vorgelegen. Auch würde es zu weit führen, die Einordnungsmöglichkeiten dieser drei- und mehrachsigen gekoppelten Getriebe in die Ruppertform oder Windungsform zu skizzieren, zumal dies nach

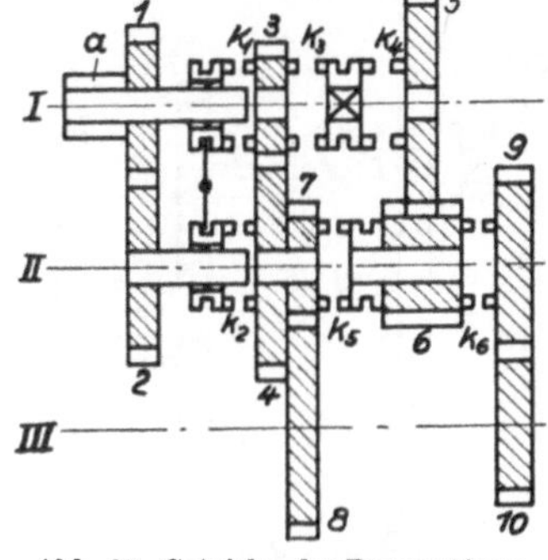

Abb. 25. Getriebe der Ruppertform, dreiachsig erweitert.

der voraufgegangenen Systematisierung keine grundsätzlichen Schwierigkeiten bereitet. Textabb. 25 zeigt daher nur ein Beispiel.

2. Aufbau und Forderungen der Drehzahlnormung.

a) Die Getriebe der Vorgelegeform.

Betrachtet man die Getriebe der Vorgelegeform als Ganzes, so sind es Getriebe mit zwei gleichachsigen Wellen für Antrieb und Abtrieb, die aus einer Antriebsdrehzahl n_a (d. h. der Buchse a auf Achse I) zwei (oder mehr) Drehzahlen n_1, n_2 usw. erzeugen. Eine dieser Drehzahlen stimmt, wie wir gesehen hatten, notwendig mit der Antriebsdrehzahl n_a überein, z. B.

$$n_1 = n_a; \quad e_1 = 1:1; \tag{70}$$

die übrigen werden durch ein mehrachsiges durch Hintereinanderschaltung entstandenes Grundgetriebe erzeugt, im einfachsten Fall (Tafel XIX, Abb. 35) z. B.

$$n_2 = n_a \cdot u_1 \cdot u_2 = n_a \cdot e_2; \quad u_1 = \frac{d_1}{d_2}; \quad u_2 = \frac{d_4}{d_3} \tag{71}$$

Die Rücksichten auf die Drehzahlnormung gestalten sich wie folgt: Wenn n_a eine Normdrehzahl ist, so ist infolge Gleichung (70) auch n_1 eine Normdrehzahl. Damit auch n_2 eine Normdrehzahl wird, muß die Endübersetzung e_2 eine Normübersetzung sein. Wie bei den im zweiten Teil behandelten Getrieben (S. 34) ist es auch hier zwar nicht unbedingt erforderlich, aber empfehlenswert, auch die Teilübersetzungen u_1 und u_2, die die Endübersetzung e_2 erzeugen, als Normübersetzungen auszubilden.

Im Drehzahlbild mit einer Sprungteilung nach der Reihe 1,06 der Drehzahlnormung läßt sich dies dadurch darstellen, daß man auch die Zwischenwelle II mit ihrer Zwischendrehzahl n_{II} einzeichnet. Sind die Teilübersetzungen Normübersetzungen, so liegt der Drehzahlpunkt n_{II} auf einer waagerechten Linie (Textabb. 26). Soll z. B. die Gesamtübersetzung

$$e_2 = (1:8) = 1:7,94$$

betragen, so bedeutet dies gemäß der Exponentenspalte in Abb. 16 auf Tafel II 36 Sprungteilungen. Wie man durch Abzählen aus Textabb. 26 sieht, sind daher zwischen n_1 und n_2 36 Sprungteilungen gelegt worden. Den Wert 36 kann man nun (vgl. die stark ausgezogene Linie zwischen n_a und n_2 in der Abb. 26) z. B. in zwei gleiche Sprungteilungen, 18 für u_1 und 18 für u_2, aufteilen. Dann betragen die beiden normalen Teilübersetzungen

$$u_1 = u_2 = 1,06^{18} = 1:2,82$$

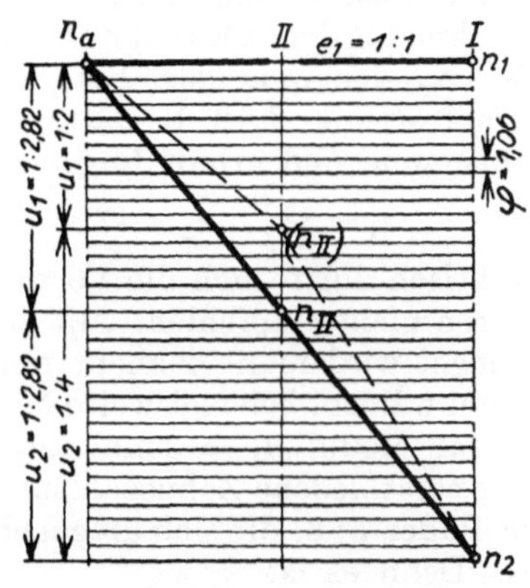

Abb. 26. Drehzahlbild eines zweistufigen Getriebes der Vorgelegeform.

Man hätte auch anders aufteilen können, z. B. $u_1 = 12$ Sprungteilungen, $u_2 = 24$ Sprungteilungen (die gestrichelte Linie zwischen n_a und n_2 in Textabb. 26), also

$$u_1 = 1,06^{12} = 1:2; \quad u_2 = 1,06^{24} = (1:4) = 1:3,98 \text{ usf.}$$

Ähnlich ist es auch bei den „doppelten" Vorgelegen, z. B. Abb. 36 der Tafel XIX, die im ganzen drei Gesamtübersetzungen e_1, e_2 und e_3 aufweisen.

Diese drei Endübersetzungen müssen eine geometrische Reihe bilden. Das bedeutet eine arithmetische Reihe für ihre Sprungteilungen.

Sollen z. B. die Gesamtübersetzungen folgende für Getriebe nach Drehzahlnormung wichtige Reihe mit dem Stufensprung 2,00 bilden:

$$e_1 = 1:1,00; \quad e_2 = 1:2,00; \quad e_3 = 1:3,98 = (1:4)$$

so lassen sich aus Abb. 16 auf Tafel II für diese Übersetzungen folgende drei arithmetisch gestuften Sprungteilungen entnehmen: 0, 12, 24. Die Sprungteilung 0 wird wie oben durch die Kupplung K_1 erzeugt. Die beiden weiteren Sprungteilungen 12 und 24 kann man z. B. folgendermaßen auf die drei Teilübersetzungen u_1, u_2 und u_3 verteilen: u_2 und u_3 erhalten je 12 Sprungteilungen, u_1 dagegen 0 Sprungteilungen. Denn die Sprungteilung für die Endübersetzung e_2 ergibt sich durch Addition der Sprungteilungen für u_1 und u_3, also

$$0 + 12 = 12,$$

da e_2 durch Multiplikation von u_1 und u_3 entsteht; in gleicher Weise ergibt sich die Sprungteilung für e_3 durch Addition der Sprungteilungen für u_2 und u_3, also

$$12 + 12 = 24,$$

da e_3 durch Multiplikation von u_2 und u_3 entsteht. Durch Ablesen in Abb. 16 auf Tafel II erhält man aus den Sprungteilungen die Übersetzungsverhältnisse, nämlich

$$u_1 = 1:1; \quad u_2 = 1:2; \quad u_3 = 1:2;$$

Man kann die Sprungteilungen für die Teilübersetzungen auch anders wählen, z. B.

$$2 + 10 = 12$$
$$14 + 10 = 24$$

d. h. $\qquad\qquad u_1 = 1:1,12; \quad u_2 = 1:2,24; \quad u_3 = 1:1,78 \text{ usw.}$

Zur Bestimmung der Zähnezahlen für die 6 Räder bedient man sich sodann zweckmäßig der Zähnezahltafel XXXI oder des Tabellenwerkes auf den Tafeln XXII bis XXX des Anhanges. Bei gleichem Modul findet man für die drei Übersetzungsverhältnisse 1 : 1,12, 1 : 2,24 und 1 : 1,78 beispielsweise 81 als brauchbare Zähnezahlsumme und erhält folgende Zähnezahlen für die einzelnen Räder

$$z_1 = 38; \quad z_2 = 43, \quad z_3 = 25, \quad z_4 = 56, \quad z_6 = 29, \quad z_5 = 52.$$

Praktisch dürfte sich die Verwendung des gleichen Moduls bei allen drei Räderpaaren nicht empfehlen. Mit Rücksicht auf das größere durchgeschickte Drehmoment wird man vielmehr mindestens für das Räderpaar 5; 6 einen größeren Modul wählen, beispielsweise Modul $m_2 = 4,5$ mm, während Räderpaare 1; 2 und 3; 4 mit Modul $m_1 = 3$ mm ausgeführt werden sollen. In diesem Falle entstehen zwei verschiedene Zähnezahlsummen, Z_1 für die Räder 1; 2 und 3; 4 und Z_2 für die Räder 5; 6, die sich umgekehrt verhalten wie die beiden Werte von m_1 und m_2. Denn es ist

$$(z_1 + z_2) \cdot m_1 = (z_3 + z_4) \cdot m_1 = (z_5 + z_6) \cdot m_2 \tag{72}$$

$$z_1 + z_2 = z_3 + z_4 = Z_1; \quad z_5 + z_6 = Z_2 \tag{73}$$

$$Z_1 \cdot m_1 = Z_2 \cdot m_2 \tag{74}$$

$$\frac{Z_1}{Z_2} = \frac{m_2}{m_1} \tag{75}$$

Es gilt also, in dem Tabellenwerk zwei Zähnezahlsummen aufzusuchen, die im Beispiel im Verhältnis

$$\frac{m_2}{m_1} = \frac{4.5}{3} = \frac{3}{2}$$

zueinander stehen und von denen die kleinere für das Räderpaar mit dem größeren Modul 4,5, die größere für die beiden Räderpaare mit dem kleineren Modul 3 gilt. Jede dieser beiden Zähnezahlsummen muß außerdem günstig sein zur Erreichung der verlangten Normübersetzungen, die größere für 1:1,12 und 1:2,24, die kleinere für 1 : 1,78. Durch systematisches Durchsuchen des Tabellenwerkes findet man als brauchbar in unserem Beispiel

$$Z_1 = 87 \qquad\qquad\qquad\qquad\qquad\qquad Z_2 = 58$$

$$\left.\begin{array}{l} z_1 = 41 \\ z_2 = 46 \end{array}\right\} m_1 = 3 \qquad \left.\begin{array}{l} z_3 = 27 \\ z_4 = 60 \end{array}\right\} m_1 = 3 \qquad \left.\begin{array}{l} z_5 = 21 \\ z_6 = 37 \end{array}\right\} m_2 = 4,5$$

Auf diese Weise hat man stets dann vorzugehen, wenn es sich bei der Benutzung des Tabellenwerkes oder der Rechentafel um Räderpaare mit verschiedenem Modul handelt.

Wir hatten im zweiten Teil gesehen, daß bei Getrieben für Normdrehzahlen der Übersetzungssprung bestimmte Werte bevorzugt. Wie aus Abb. 34 in Tafel XI hervorgeht, sind dies bei den größeren Vorgelegesprüngen, deren Erzeugung durch die eben besprochenen Getriebeformen hauptsächlich in Frage kommt, vor allem die Werte 1:4, 1:6,3, 1:8 und 1:16, wobei wiederum den Werten 1:4, 1:8 und 1:16 die größte Bedeutung zukommt, mit Rücksicht auf das Schneiden von Steilgewinde auf der Drehbank[1]. Denn in diesem Fall wird der Vorschub beim Gewindeschneiden für die flacheren Steigungen hinter dem Vorgelege von der Arbeitsspindel abgeleitet, für die steileren Steigungen dagegen vor dem Vorgelege. Da die meisten steileren Steigungen genau das 4fache, 8fache oder 16fache von flacheren Gewindesteigungen betragen, ist es vorteilhaft, die Drehbankvorgelege mit diesen Übersetzungswerten zu versehen, allerdings ist es dabei nötig, die genauen Werte 1:4,00, 1:8,00 und 1:16,00 zu erzeugen. Ähnlich wie bei der Erzeugung der Normübersetzungen zwischen 1:1 und 1:2 (Abb. 20 auf Tafel III) gibt es auch hierfür günstigste Zähnezahlsummen, die in Abb. 21 auf Tafel III niedergelegt wurden. Wie diese günstigsten Zähnezahlsummen aufgefunden wurden, ist aus der Abbildung selbst ersichtlich.

b) Die Getriebe der Windungsform.

Nach Textabb. 24 entsteht das vierstufige Getriebe der Windungsform aus zwei miteinander verschmolzenen zweistufigen Vorgelegegetrieben, denen je ein Aufbaunetz nach Textabb. 27 zukommen würde. Es steht also zu erwarten, daß diesem Getriebe das gleiche Aufbaunetz wie dem $2 \cdot 2 = 4$ stufigen Getriebe zugeordnet werden kann (Textabb. 14 u. 15 auf S. 41). Tatsächlich ist dies auch der Fall. Die Behandlung dieser Getriebe, ausgehend vom Aufbaunetz der vierstufigen durch Hintereinanderschaltung entstandenen Getriebe, ist zwar nicht der einzig mögliche Weg, dürfte aber wohl der einfachste sein.

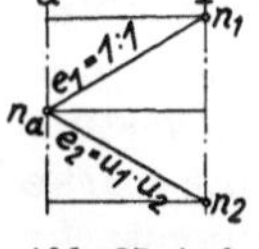

Abb. 27 Aufbaunetz eines zweistufigen Getriebes der Vorgelegeform.

Wir versuchen zunächst, aus den ganz allgemeingültigen Aufbaunetzen (Textabb. 14 u. 15) jene Drehzahlbilder abzuleiten, die dem vierstufigen Windungsgetriebe insbesondere eigentümlich sind. Zu diesem Zweck bilden wir die Gleichungen für die vier Gesamtübersetzungen des Getriebes. Nach Abb. 45 auf Tafel XX lassen sich die vier Gesamtübersetzungen des vierstufigen Getriebes der Windungsform in einfacher Weise anschreiben als:

$$e_1 = u_1; \quad e_2 = u_2;$$

$$e_3 = u_3; \quad e_4 = \frac{u_1 \cdot u_3}{u_2} \qquad (76)$$

$$u_1 = \frac{d_1}{d_2}; \quad u_2 = \frac{d_3}{d_4}; \quad u_3 = \frac{d_5}{d_6}$$

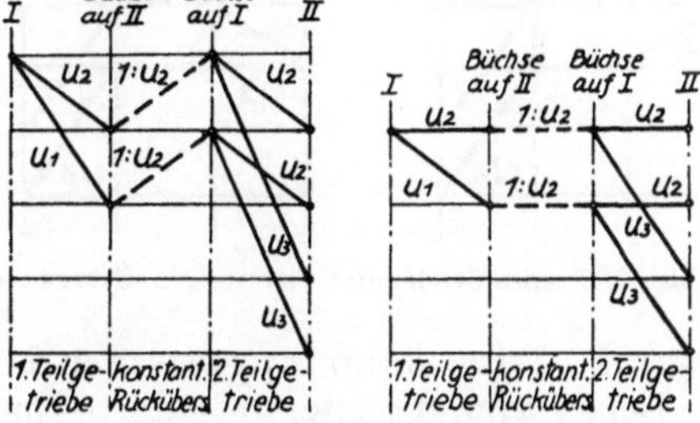

Abb. 28 u. 29. Grundsätzliche Gestalt der Drehzahlbilder von Getrieben der Windungsform.

Statt dessen wollen wir setzen:

$$e_1 = u_1 \cdot \frac{u_2}{u_2}; \quad e_2 = u_2 \cdot \frac{u_2}{u_2}; \quad e_3 = u_3 \cdot \frac{u_2}{u_2}; \quad e_4 = u_1 \cdot \frac{u_3}{u_2} \qquad (77)$$

was zwar an und für sich das gleiche, aber in scheinbar umständlicherer Form aussagt. Daß wir aber durch diese umständlichere Form das Aufbaunetz dieser Getriebe auf die vom zweiten Teil her bekannten Formen zurückführen können, bedeutet, wie wir sehen werden, besonders bei den erweiterten Windungsgetrieben einen entscheidenden Schritt, der die Behandlung der Durchmesserrechnung für diese Getriebe sehr leicht gestaltet.

---

[1] Ausführlicher: Schlesinger ZVDI. 1930, S. 1509.

Ein Drehzahlbild, das den Gleichungen (77) entspricht, allerdings ohne Rücksicht auf die größenmäßige Reihenfolge der Gesamtübersetzungen, zeigt Textabb. 28. Das erste Teilgetriebe (Räder 1, 2 ,3, 4) erzeugt durch die beiden Übersetzungen u_1 und u_2 zwei Drehzahlen der Büchse auf Welle II. Die Räder 4, 3 bilden sodann gewissermaßen eine konstante Rückübersetzung auf Welle I zwischen erstem und zweitem Teilgetriebe, die die Drehzahlen ohne Vervielfachung wieder auf Welle I mit der Übersetzung $1 : u_2$ zurückübersetzen. Sodann schließt sich das zweite Teilgetriebe (Räder 3, 4, 5, 6) an und bewirkt eine weitere Drehzahlverdopplung.

Wir können in Textabb. 28 eine Vereinfachung vornehmen. Gegenüber der Vorgelegeform hat nämlich die Windungsform die Besonderheit, daß sie, ähnlich wie die einfachen zweiachsigen Getriebe, keine Gesamtübersetzung durch eine direkte Kupplung auf den Wert 1:1 festlegt; wie beim einfachen zweiachsigen Getriebe haben wir also Freiheit in der Wahl zweier Größen: des Stufensprunges φ und einer Gesamtübersetzung e, im Gegensatz zur Vorgelegeform, bei der nur Freiheit in der Wahl einer Größe, des Stufensprunges, bestand. Wir benutzen diese Besonderheit und betrachten im folgenden zunächst die Drehzahlbilder mit

$$e_2 = u_2 = 1 : 1 \tag{78}$$

Dadurch erhalten wir die einfachste Form für die Drehzahlbilder dieser Getriebe (Textabb. 29), die zugleich auch praktisch die größte Bedeutung hat; denn die Räder 3, 4 für die Übersetzung u_2 (Abb. 45 auf Tafel XX) werden bei der Windungsstufe in umgekehrter Richtung durchlaufen (4, 3). Wäre nun z. B. u_2 eine starke Übersetzung ins Langsame, so entstände bei der Windungsstufe (e_4) eine starke Übersetzung ins Schnelle, was man vermeiden soll. Bei dem Drehzahlbild nach Textabb. 29 ist dieser Nachteil unter allen Umständen vermieden: Die in beiden Richtungen durchlaufene Übersetzung u_2 hat den Wert 1:1.

Im ganzen gibt es vier Möglichkeiten, das Aufbaunetz für $2 \cdot 2 = 4$ Stufen mit engem Sprung φ im ersten Teilgetriebe (Textabb. 14) auf die vierstufigen Getriebe der Windungsform anzuwenden. Sie sind in Textabb. 30 dargestellt. Wenn

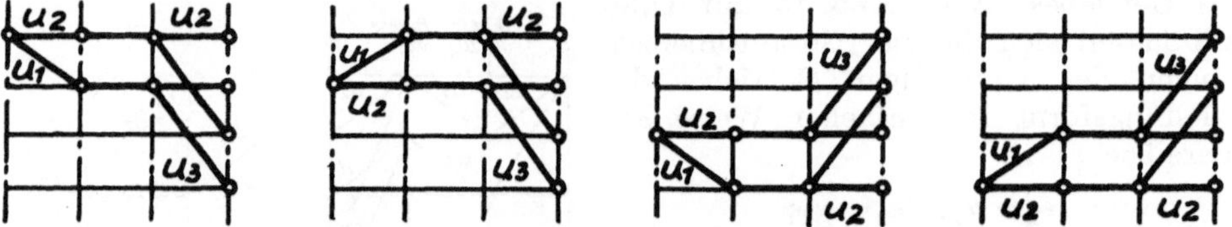

Abb. 30. Drehzahlbilder der vierstufigen Getriebe der Windungsform (enger Sprung im ersten Teilgetriebe).

$u_2 = 1 : 1$ ist, kann u_1 entweder $1 : \varphi$ oder $\varphi : 1$ sein, in beiden Fällen liegt zwischen u_1 und u_2 der geforderte Sprung φ, und bei jeder dieser beiden Möglichkeiten kann u_3 entweder $1 : \varphi^2$ oder $\varphi^2 : 1$ sein, da dann beidesmal zwischen u_2 und u_3 der geforderte Sprung φ^2 entsteht.

Schreiben wir uns aus dieser Abbildung nur die Abstände der Drehzahlpunkte für die einzelnen Teil- und Gesamtübersetzungen ab, gemessen in der Sprungteilung, so ergibt sich für die vier Fälle eine Aufstellung gemäß Abb. 49 Tafel XX, deren einfache Anwendung wir weiter unten durchsprechen werden. Zunächst fällt uns an dieser Tabelle eine gewisse Symmetrie auf. Die Exponentenwerte sind symmetrisch zur stark ausgezogenen senkrechten Linie. Den Werten für die Teilübersetzungen 1, 0, 2 (1. Spalte) entsprechen die Werte —1, 0, —2, (4. Spalte), die nur das umgekehrte Vorzeichen haben. Im ersten Fall ist die höchste Endübersetzung $e_1 = 1 : 1$ (Exponent 0) und die niedrigste Endübersetzung $e_3 = 1 : \varphi^3$ ins Langsame (Exponent 3); im zweiten Fall ist umgekehrt die niedrigste End-

übersetzung $e_3 = 1:1$ (Exponent 0) und die höchste $e_1 = \varphi^3 : 1$ (Exponent —3).
Eine ähnliche Symmetrie besteht für die beiden inneren Spalten der Tabelle.

Da die Enddrehzahlen praktisch fast immer niedriger liegen müssen, als die
Anfangsdrehzahlen des Getriebes, kommt der ersten Spalte der Abb. 49 auf
Tafel XX die größte Bedeutung zu. Betrachten wir beispielsweise ein Getriebe
für die Reihe 1,26, so müssen die drei Teilübersetzungen die Werte annehmen:

$$u_1 = 1 : \varphi^1 = 1 : 1,26$$
$$u_2 = 1 : \varphi^0 = 1 : 1,00$$
$$u_3 = 1 : \varphi^2 = 1 : 1,58$$

Nach Gleichung (76) sind dies auch die Werte für die drei Gesamtübersetzungen
e_1, e_2 und e_3, während die vierte Gesamtübersetzung e_4 durch die Windungsstufe
erzeugt wird und in unserem Beispiel den Wert erhält:

$$e_4 = \frac{u_1 \cdot u_3}{u_2} = \frac{1,00}{1,26 \cdot 1,58} = 1 : 2,00$$

Wir hatten oben gesehen, daß die Übersetzung u_2 nicht notwendig den Wert $1:1$
zu haben braucht. Wir sind bei ihrer Wahl völlig frei. Benötigt man beispielsweise ein solches Getriebe nach der Reihe 1,26 mit den Gesamtübersetzungen
$1:1,12$; $1:1,41$; $1:1,78$ und $1:2,24$, so würden die Teilübersetzungen lauten
müssen:

$$u_1 = 1 : 1,26 \cdot 1,12 = 1 : 1,41$$
$$u_2 = 1 : 1,00 \cdot 1,12 = 1 : 1,12$$
$$u_3 = 1 : 1,58 \cdot 1,12 = 1 : 1,78$$

wobei auf der Windungsstufe

$$\frac{u_1 \cdot u_3}{u_2} = \frac{1,12}{1,41 \cdot 1,58} = 1 : 2,24$$

allerdings ein geringes Treiben ins Schnelle beim umgekehrten Durchlaufen der
Übersetzung u_2 in Kauf genommen werden muß $(1,12:1)$.

Soll die höchste Enddrehzahl höher liegen als die Anfangsdrehzahl, so gibt
nicht mehr die erste Spalte in Abb. 49 auf Tafel XX den günstigsten Aufbau an,
sondern jeweils diejenige Spalte, bei der sich die Forderungen $u_2 = 1:1$ am besten
erfüllen läßt, bei einem Getriebe für die Reihe 1,26 und $e_1 = 1,26:1$ beispielsweise
die zweite Spalte, also

$$u_1 = 1,26 : 1; \quad u_2 = 1 : 1,00; \quad u_3 = 1 : 1,58.$$

Man könnte bei aufmerksamer Betrachtung noch einwenden, daß außer den
vier in der Tabelle aufgeführten für ein Aufbaunetz nach Abb. 14 gültigen Expo-
nentenanordnungen noch weitere vier Anordnungen für das Aufbaunetz nach
Abb. 15 bestehen müssen. Wie man sich aber leicht überzeugen kann, bedeutet
dies für unser 4stufiges Getriebe nur, daß man die Exponentenwerte für u_1 und u_3
in jeder Spalte vertauschen kann, so daß also die erste Spalte für die Teilübersetzungen auch die Exponentenfolge 2, 0, 1 annehmen kann usf.

Bei den erweiterten Getrieben der Windungsform führen die gleichen Über-
legungen wie beim vierstufigen Getriebe zum Ziel. Abb. 50 bis 52 der Tafel XX
geben die entsprechenden Exponententabellen der $6 = 3 \cdot 2$; $8 = 4 \cdot 2$ und
$9 = 3 \cdot 3$ stufigen Getriebe nach Abb. 46 bis 48 der gleichen Tafel an. Auch in
diesen Tabellen ist jeweils die erste Spalte die praktisch wichtigste, auch diese
Tabellen sind symmetrisch zu einer stark ausgezogenen Mittellinie — beim neunstufigen Getriebe zu einer mittleren Spalte — und auch hier sind Vertauschungen
der Exponenten untereinander in gewisser Weise möglich. Die Exponenten sind
aber in den Tabellen derart den Übersetzungsverhältnissen zugeordnet, daß bei

Schieberadgetrieben die Schieberäder an den festen Rädern vorbeigehen, und es empfehlen sich daher Vertauschungen nur nach gründlicher vorheriger Überlegung.

Um das Vorbeigehen der Räder bei Erzeugung feiner Drehzahlreihen zu gewährleisten, ohne große Zähnezahlsummen anwenden zu müssen, ist es von Vorteil, eine Spalte auszuwählen, bei der zwischen den Exponenten der ersten Teilübersetzungen ein großer Unterschied besteht.

Ein Beispiel möge dies erläutern: Für die Reihe 1,12 ist der Aufbau eines $6 = 3 \cdot 2$ stufigen Windungsgetriebes mit einer Anordnung nach Abb. 46 auf Tafel XX zu ermitteln. Wählt man für den Aufbau Spalte 1 in Abb. 50 dieser Tafel, so ergibt sich:

$$u_1 = 1 : 1,12^2 = 1 : 1,26$$
$$u_2 = 1 : 1,12^1 = 1 : 1,12$$
$$u_3 = 1 : 1,12^0 = 1 : 1,00$$
$$u_4 = 1 : 1,12^3 = 1 : 1,41$$

In diesem Fall würde zwischen den beiden Schieberadübersetzungen u_1 und u_2 der Sprung 1,12 liegen, der bei vier Zähnen Radunterschied gemäß Gleichung (24) die sehr ungünstige Zähnezahlsumme

$$Z = 1,8 \cdot \frac{4}{0,05} = 18 \cdot 8 = 144$$

Zähne ergeben würde. Wir wählen besser Spalte 2 der Abb. 50 für den Aufbau und erhalten:

$$u_1 = 1 : 1,12^4 = 1 : 1,58$$
$$u_2 = 1 : 1,12^2 = 1 : 1,26$$
$$u_3 = 1 : 1,12^0 = 1 : 1,00$$
$$u_4 = 1 : 1,12^1 = 1 : 1,12$$

Die kritischen Übersetzungen u_1 und u_2 haben dann zwischen sich den Sprung 1,26, und die keinste brauchbare Zähnezahlsumme wird:

$$Z = 1,8 \cdot \frac{4}{0,1} = 18 \cdot 4 = 72 \text{ Zähne.}$$

Es ergeben sich folgende Zähnezahlen:

$$z_1 = 28; \quad z_2 = 44; \quad z_3 = 32; \quad z_4 = 40;$$
$$z_5 = 36; \quad z_6 = 36; \quad z_7 = 34; \quad z_8 = 38$$

Durch dieses Beispiel ist zugleich die Anwendung der Zähnezahlrechnung auf ein Getriebe der Windungsform gezeigt worden.

c) Die Getriebe der Ruppertform.

Wie das vierstufige Windungsgetriebe, entsteht auch das vierstufige Ruppertgetriebe aus zwei — allerdings in anderer Weise — hintereinandergeschalteten Getrieben der Vorgelegeform. Seine Aufbaunetze sind also gleichfalls die der $2 \cdot 2 = 4$ stufigen Getriebe. Aber gegenüber den Drehzahlbildern der Windungsform bestehen infolge der anders gearteten Hintereinanderschaltung Besonderheiten (Textabb. 31, Abb. 53 auf Tafel XXI).

Die Hintereinanderschaltung beider Teilgetriebe ist so beschaffen, daß keine konstante Rückübersetzung zwischen erstem und zweitem Teilgetriebe auftritt, vielmehr schließen sich im Aufbaunetz beide Teilgetriebe unmittelbar aneinander an.

Jedes der beiden Teilgetriebe hat, wie bei der Vorlegeform, n o t w e n d i g eine Übersetzung 1:1, die durch die Kupplung K_1 bzw. K_3 auf Welle I erzeugt wird. Im Drehzahlbild (Textabb. 31) entsteht also für jedes Teilgetriebe n o t -

wendig je eine waagerechte Übersetzungslinie, die wir mit K_1 und K_3 bezeichnen wollen, d, h. mit dem Namen der Kupplungen, durch die sie erzeugt werden.

Die zweite Übersetzung jedes Teilgetriebes entsteht durch je z w e i Räderpaare (1; 2 und 4; 3 bzw. 3; 4 und 6; 5). Diese zwei Übersetzungsverhältnisse können im Drehzahlbild durch je eine einzige Übersetzungslinie dargestellt werden, ähnlich wie beim Aufbaunetz des einfachen Vorgeleges Textabb. 27. Eine solche Übersetzungslinie ist also nicht e i n e m, sondern z w e i Übersetzungsverhältnissen zugeordnet und außerdem auch noch der betreffenden Kupplung K_2 bzw. K_4, durch deren Betätigung die beiden Teilübersetzungen u_1 und u_2 bzw. u_2 und u_3 miteinander verbunden werden. In Textabb. 31 sind an die entsprechenden Übersetzungslinien nur die beiden Teilübersetzungen, nicht die Kupplungen angeschrieben worden.

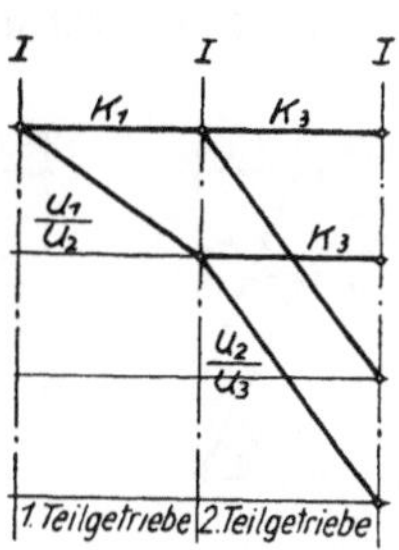

Abb. 31. Grundsätzliche Gestalt der Drehzahlbilder von Getrieben der Ruppertform.

Als Übersetzungsverhältnis u soll bei den Getrieben der Ruppertform jeweils das Verhältnis des Rades auf der Welle I zu seinem Gegenrad auf Welle II gelten. Wir haben beim vierstufigen Ruppertgetriebe (Abb. 53 auf Tafel XXI) also folgende drei Teilübersetzungen

$$u_1 = \frac{d_1}{d_2}; \quad u_2 = \frac{d_3}{d_4}; \quad \text{und} \quad u_3 = \frac{d_5}{d_6}. \tag{78}$$

Die Übersetzungsverhältnisse der beiden Teilgetriebe lauten:

$$u' = \frac{u_1}{u_2} = \frac{d_1}{d_2} \cdot \frac{d_4}{d_3}$$

und
$$\tag{79}$$

$$u'' = \frac{u_2}{u_3} = \frac{d_3}{d_4} \cdot \frac{d_6}{d_5}$$

im Gegensatz zum Getriebe der Vorgelegeform, bei dem wir die entsprechende Übersetzung e_2 als u_1 m a l u_2 festgesetzt haben. Dieser Unterschied ist aber insofern gerechtfertigt, als die Übersetzung u_2 — genau wie beim vierstufigen Getriebe der Windungsform — in b e i d e n Richtungen durchlaufen wird und man sich über e i n e Richtung als maßgebend einigen muß. Als diese Richtung wurde in Anlehnung an die Getriebe der Windungsform die Richtung von Welle I zu Welle II gewählt.

Infolge dieser Festsetzung lassen sich die vier Endübersetzungen des betrachteten Getriebes auf folgende Weise durch die drei Teilübersetzungen ausdrücken:

$$e_1 = 1 : 1 \quad \text{(Kupplungen } K_1, K_3)$$

$$e_2 = \frac{u_1}{u_2} \quad \text{(Kupplungen } K_2, K_3)$$

$$e_3 = \frac{u_2}{u_3} \quad \text{(Kupplungen } K_1, K_4)$$

$$e_4 = \frac{u_1}{u_2} \cdot \frac{u_2}{u_3} = \frac{u_1}{u_3} \quad \text{(Kupplungen } K_2, K_4),$$

wie man auch aus den im Drehzahlbild (Textabb. 31) an die Übersetzungslinien angeschriebenen Benennungen ablesen kann, wenn man die vier Wege von der ersten bis zur dritten Achse verfolgt.

Wir wollen uns nun genau wie beim vierstufigen Windungsgetriebe die Frage vorlegen, wieviel Möglichkeiten des Aufbaues die vierstufige Ruppertform besitzt. Für die e n g e Sprunganordnung im ersten Teilgetriebe müssen es wiederum im ganzen vier sein, je nachdem ob $\frac{u_1}{u_2} = 1 : \varphi$ oder $\varphi : 1$ und dabei $\frac{u_2}{u_3} = 1 : \varphi^2$

oder $\varphi^2 : 1$ ist. Die Drehzahlbilder für diese vier Möglichkeiten sind in Textabb. 32 dargestellt (erstes, drittes, sechstes und achtes Netz). Die w e i t e Sprunganordnung im ersten Teilgetriebe hatte bei den entsprechenden Getrieben der Windungsform nur eine gegenseitige Austauschung der Räderpaare 1; 2 und 5; 6 zur Folge und war deshalb nicht besonders in Form von Drehzahlbildern niedergelegt worden. Anders bei der Ruppertform: Infolge der Tatsache, daß jede Übersetzungslinie im Drehzahlbild im ganzen z w e i Teilübersetzungen darstellt, kommt bei diesen Getrieben auch dieser Sprunganordnung eine besondere Bedeutung für den

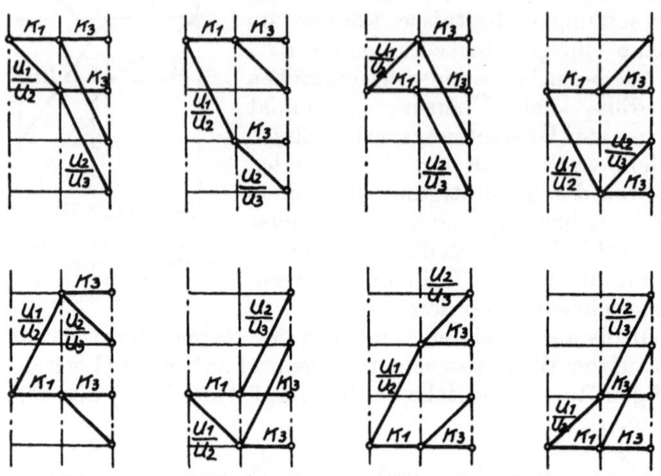
Abb. 32. Drehzahlbilder der vierstufigen Getriebe der Ruppertform.

Aufbau zu. Die vier mit weiter Sprunganordnung gebildeten Drehzahlbilder zeigt gleichfalls Textabb. 32 (die vier übrigen Netze).

Die Tatsache, daß bestimmten Drehzahllinien jeweils z w e i Teilübersetzungen zugeordnet sind, hat weiterhin zur Folge, daß wir für jedes der acht Drehzahlbilder e i n e der drei Teilübersetzungen u frei wählen können, die übrigen sind sodann festgelegt. Wir wählen zunächst einmal $u_1 = 1 : 1$, also den zugehörigen Exponenten von $u_1 = 0$ und rechnen uns für diesen Sonderfall die Exponenten von u_2 und u_3 für jedes der 8 Drehzahlbilder aus. Beispiel:

Bei Textabb. 31 ist der Exponent für u_1/u_2 gleich 1; d. h. $u_1 : u_2 = 1 : \varphi^1 = 1 : \varphi$. Da $u_1 = 1 : 1$ war, ist $u_2 = \varphi : 1$. Exponent von $u_2 = -1$. Wiederum ist nach der gleichen Abb. der Exponent für $u_2/u_3 = 2$, d. h. $u_2 : u_3 = 1 : \varphi^2$.

Da aber $u_2 = \varphi : 1$ ist, muß also $u_3 = \dfrac{\varphi \cdot \varphi^2}{1} = \varphi^3 : 1$ sein. Exponent von $u_3 = -3$.

In der Tabelle Abb. 56 auf Tafel XXI sind nun die Exponenten für die Teilübersetzungen in gleicher Weise wie für die Windungsgetriebe eingetragen worden unter Annahme eines Exponenten 0 für die Teilübersetzung u_1 und zwar für sämtliche 8 Drehzahlbilder der vierstufigen Ruppertform (Textabb. 32). Auch diese Tabelle zeigt eine Symmetrie, allerdings mit anderer Bedeutung als bei den Windungsgetrieben. Die Getriebe der Ruppertform, deren Übersetzungen im Mittel ins Schnelle gehen, entstehen durch Vertauschung der Räder auf Welle I und II. Für ein Getriebe nach der Reihe 1,58 würden beispielsweise gemäß Spalte 1 in Abb. 56 die drei Teilübersetzungen betragen:

$$u_1 = 1 : 1{,}00 = 1 : 1{,}00$$
$$u_2 = \varphi : 1 = 1{,}58 : 1$$
$$u_3 = \varphi^3 : 1 = 4 : 1$$

Bei einer Zähnezahlsumme von $Z = 90$ würden die Zähnezahlen der sechs Räder lauten müssen:

$$z_1 = 45 \qquad z_3 = 55 \qquad z_5 = 72$$
$$z_2 = 45 \qquad z_4 = 35 \qquad z_6 = 18$$

Ein entsprechendes „symmetrisches" Getriebe nach Spalte 8 kann man durch folgende Vertauschung erhalten:

$$z_1 = 45 \qquad z_3 = 35 \qquad z_5 = 18$$
$$z_2 = 45 \qquad z_4 = 55 \qquad z_6 = 72$$

Es dürfte praktisch ohne Bedeutung sein.

Das eigentliche (achtstufige) Ruppertgetriebe besteht aus d r e i hintereinandergeschalteten zweistufigen Vorgelegen. Sein Aufbaunetz kann also die sechs verschiedenen Formen des $8 = 2 \cdot 2 \cdot 2$ stufigen Getriebes auf Tafel V annehmen. Da außerdem noch je acht verschiedene Lagen der Übersetzungslinien $\frac{u_1}{u_2}$, $\frac{u_2}{u_3}$ und $\frac{u_3}{u_4}$ im Drehzahlbild zu den Linien der unmittelbaren Kupplungen möglich sind, gibt es im ganzen $6 \cdot 8 = 48$ verschiedene Anordnungsmöglichkeiten, die wiederum paarweise im Sinne einer Radvertauschung zwischen beiden Wellen zueinander symmetrisch sind. Die Exponententabelle für $u_1 = 1:1$ (Exponent 0) mit sämtlichen 48 Verteilungsmöglichkeiten zeigt Abb. 57 auf Tafel XXI.

Wie bei den entsprechenden Tabellen für die Getriebe der Windungsform enthalten auch hier die ersten Spalten die praktisch wichtigsten Getriebe. Wollen wir beispielsweise ein solches Getriebe für die Reihe 1,26 entwerfen, so ist $\varphi = 1{,}26$. E i n e Teilübersetzung, z. B. u_1, können wir frei wählen. Sie möge $u_1 = 1:1{,}58$, d. h. $1:\varphi^2$ betragen. Der Exponent für u_1 ist also 2 anstatt 0, und wir haben bei Benutzung der Tabelle Abb. 57 auf Tafel XXI zu sämtlichen Exponentenangaben dieser Tabelle einfach 2 hinzuzuzählen. Demnach werden die Exponenten für die übrigen Teilübersetzungen bei Verwendung der ersten Spalte für den Aufbau

$$u_2; \quad -1 + 2 = +1; \quad \text{d. h. } u_2 = 1:1{,}26$$
$$u_3; \quad -3 + 2 = -1; \quad \text{d. h. } u_3 = 1{,}26:1$$
$$u_4; \quad -7 + 2 = -5; \quad \text{d. h. } u_4 = 3{,}16:1$$

Wir hätten z. B. auch wählen können:

$$u_1 = 1:2, \text{ d. h. } 1:\varphi^3$$

$$u_2; \quad -1 + 3 = +2; \quad u_2 = 1:1{,}58$$
$$u_3; \quad -3 + 3 = 0; \quad u_3 = 1:1$$
$$u_4; \quad -7 + 3 = -4; \quad u_4 = 2{,}5:1$$

Dies ist aber ein Aufbau, der zwar die gleichen Enddrehzahlen erzeugt, aber infolge der stark von $1:1$ verschiedenen Übersetzung $u_2 = 1:1{,}58$, die von Welle II zu Welle I ins Schnelle durchlaufen wird ($1{,}58:1$), ungünstiger als der zuerst gewählte Aufbau ist.

d) Die mehrachsigen gekoppelten Getriebe.

Im Vergleich zu der Ruppertform gestaltet sich die Berechnung des Aufbaues bei den mehrachsigen gekoppelten Getrieben, sofern sie nicht mit einer Windungsform oder Ruppertform verschmolzen sind, sehr einfach. Die e i n e Gesamtübersetzung z. B. des Getriebes nach Abb. 37 auf Tafel XIX ist, wie bei der einfachen Vorgelegeform, zwangsläufig $e_1 = 1:1$. Die Gleichungen für die beiden übrigen Gesamtübersetzungen lauten:

$$e_2 = u_1 \cdot u_2, \text{ wie beim einfachen Vorgelege,}$$

und

$$e_3 = u_1 \cdot u_3 \cdot u_4 \cdot u_2 = e_2 \cdot u_3 \cdot u_4.$$

Bei geometrischer Stufung ist

$$\frac{e_2}{e_1} = \frac{e_3}{e_2} = \text{const.} = \varphi,$$

also auch $u_1 \cdot u_2 = u_3 \cdot u_4 = \text{const.} = \varphi$.

Die jeweilige Aufteilung der Gesamtübersetzung auf die beiden Paare der Teilübersetzungen ist wiederum beliebig; bei $\varphi = 1:4$, d. h. $e_1 = 1:1$; $e_2 = 1:4$; $e_3 = 1:16$, also

$$u_1 \cdot u_2 = u_3 \cdot u_4 = 1:4$$

könnte z. B. gewählt werden:

$$u_1 = 1:2; \qquad u_2 = 1:2$$
$$u_3 = 1:2; \qquad u_4 = 1:2$$

oder

$$u_1 = 1:1,26; \qquad u_2 = 1:3,16$$
$$u_3 = 1:1,58; \qquad u_4 = 1:2,51 \ \text{usw.}$$

Schwieriger wiederum sind zusammengesetzte Getriebe nach Textabb. 25 zu behandeln, bei denen man wie bei der Windungs- bzw. Ruppertform erst das entsprechende Aufbaunetz aufstellen muß und dann die günstigsten Werte für die Teilübersetzungen auffinden kann.

Zusammenfassung.

1. Die Zusammenhänge zwischen sämtlichen, heute bei Werkzeugmaschinen gebräuchlichen Getrieben zur Erzeugung von Drehzahlreihen wurden aufgezeigt. Die Getriebe wurden auf wenige Grundformen zurückgeführt, und die Gesetze für die Weiterbildung dieser Grundformen zu verwickelteren Getrieben wurden angegeben. Die Ergebnisse wurden systematisch geordnet, so daß nunmehr der Konstrukteur die jeweils günstigste Getriebeform aus übersichtlichen Zusammenstellungen entnehmen kann.

2. Es wurden wissenschaftliche Grundlagen für die Berechnung der Riemenscheibendurchmesser und Zähnezahlen der Räder geschaffen, teils durch Anwendung vorhandener Rechnungswege, teils durch Auffindung neuer Berechnungsarten. Die geschaffene Drehzahl- und Zähnezahlrechnung ist einfach, selbst bei verwickelten Getriebeformen.

3. Neuzeitliche Werkzeugmaschinen sollen Normdrehzahlen besitzen. Um ihre Berechnung weiter zu erleichtern, wurden handliche Tabellen und maßstäbliche Anordnungsbilder für die Zähnezahlrechnung der Getriebe für Normdrehzahlen aufgestellt.

Der Anhang enthält sämtliche Zusammenstellungen in Form von Nachschlagetafeln.

Schrifttumverzeichnis.

a) Drehzahlnormung.

Schlesinger, G.: Wesen und Auswirkung der Drehzahlnormung, AWF Heft 239; RKW. Veröffentlichung Nr. 66; dort findet sich auf S. 77 das weitere Schrifttum über Drehzahlnormung; in dieser Arbeit ist hiervon besonders berücksichtigt:

— Die Nutzanwendung der Drehzahlnormung auf die Berechnung von Werkzeugmaschinen, Werkst.-Techn. 1929, S. 605.

— Einheitliche Drehzahlreihen für Drehbänke, Z. d. VDI 1930, S. 1509.

Kronenberg, M.: Drehzahlnormung in der Praxis, Werkst.-Techn. 1931, S. 148. Das Vertrautsein mit den Gesetzen der Drehzahlnormung wird in dieser Arbeit vorausgesetzt.

b) Stufungsarten.

Adler, F.: Die Umlaufzahlenreihen der Werkzeugmaschinen, Dissertation. Techn. Hochsch. Hannover 1907.

Kronenberg, M.: Zerspanungslehre, S. 216: Die logarithmische Abstufung. Berlin: Julius Springer 1927. Die Kenntnis der Gesetzmäßigkeiten der arithmetischen, geometrischen und logarithmischen Stufung wird in der Arbeit gleichfalls vorausgesetzt.

c) Getriebeformen und Getriebeberechnung.

Kryspin-Exner: Beitrag zur Theorie der Stufenrädergetriebe im Hauptantriebe von Werkzeugmaschinen, Werkst.-Techn. 1925, S. 757.

Steinitz, O.: Zweckmäßige Berechnung von Zahnradvorgelegen, Werkst.-Techn. 1928, S. 604.

Bennedik: Über Theorie und Bestimmung der Zähnezahlen in Getrieben mit geometrisch abgestuften Drehzahlen Z. d. VDI 1930, S. 1057.

Germar, R.: Richtdrehzahlen und ihre günstigste konstruktive Ausnutzung, Werkst.-Techn. 1931, S. 57, S. 95.

Vorwerck, W.: Berechnung von Getrieben insbesondere des Werkzeugmaschinenbaues, M. Krayn, Techn. Verlag G. m. b. H., Berlin 1930.

Coenen, M.: Elemente des Werkzeugmaschinenbaues. Ihre Berechnung und Konstruktion. Berlin: Julius Springer 1927.

AWF und VDMA: Getriebeblätter. Zahnradwechselgetriebe, AWF 624/625 B und T; Beuth-Verlag, Berlin, S. 14, März 1930. Die Ergebnisse dieser Schriften sind in der Arbeit berücksichtigt worden

Tafelanhang
(Tafeln I—XXXI)

Verzeichnis der Tafeln.

Beachte bei Benutzung:

Die Darstellung der Getriebe ist in schematischer Form erfolgt. Rückschlüsse aus der Größe der Raddurchmesser auf die Übersetzungsverhältnisse sind daher unzulässig, ausgenommen dort, wo es sich um maßstäbliche Anordnungsbilder handelt. Die Kupplungen sind meist als Klauenkupplungen dargestellt ohne Rücksicht darauf, ob auch andere Kupplungsarten, wie z. B. einfache Reibungs-, Spreitzring- oder Lamellenkupplungen verwendbar sind.

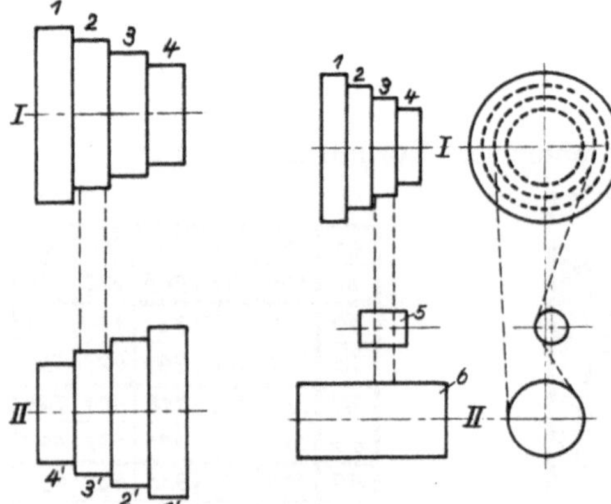

Einfache zweiachsige Getriebe

Zeichenerklärung:
Wellen: Römische Zahlen
Scheiben und Räder: Arabische Zahlen
b_r = Radbreite
b = gesamte axiale Getriebebreite bei Annahme gleichbreiter Räder
z_1; z_2 usw. = Zähnezahl des Rades 1; 2 usw.

Stufenscheibenantriebe

Abb. 1 mit 2 Stufenscheiben   Abb. 2 mit einer Stufenscheibe und Spannrolle

Schieberädergetriebe

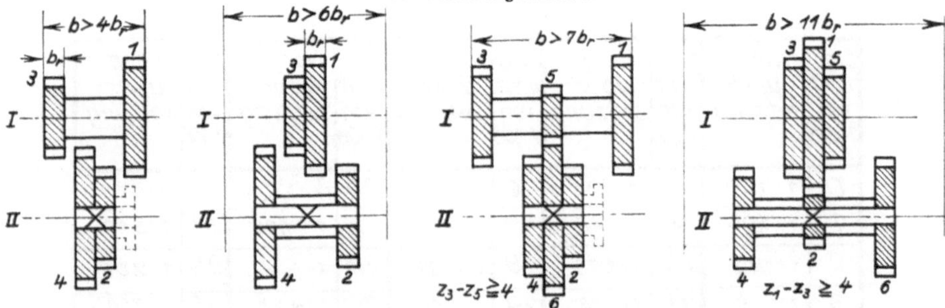

zweistufig   dreistufig

Abb. 3 enge Anordnung der Schieberäder   Abb. 4 weite Anordnung der Schieberäder   Abb. 5 enge Anordnung der Schieberäder   Abb. 6 weite Anordnung der Schieberäder

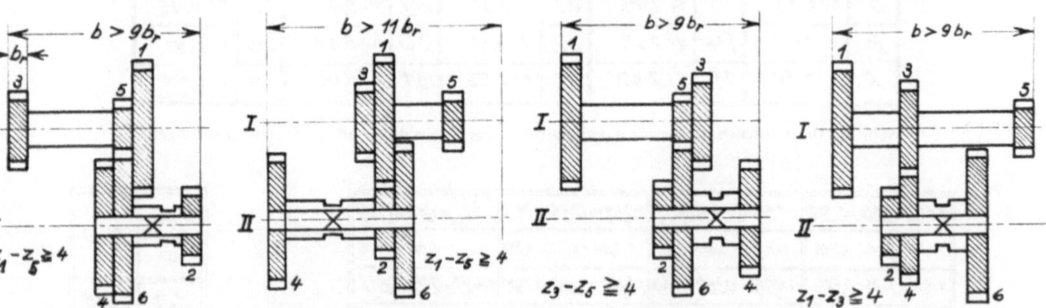

dreistufig, mit gemischter Anordnung der Schieberäder

Abb. 7 und 8 für feinstufige Drehzahlreihen   Abb. 9 und 10 für größenmäßige Reihenfolge der Drehzahlen

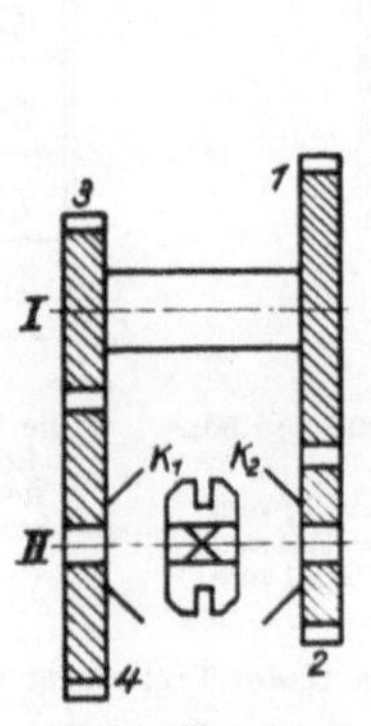

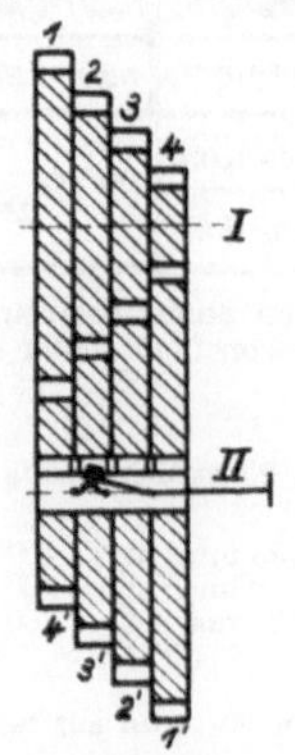

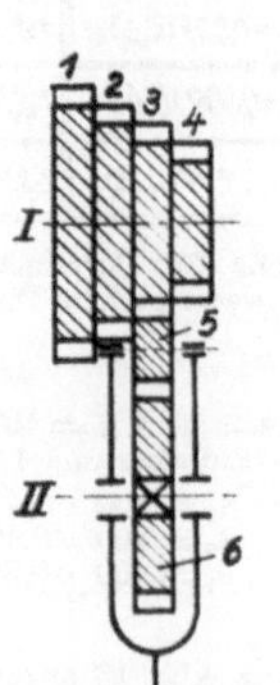

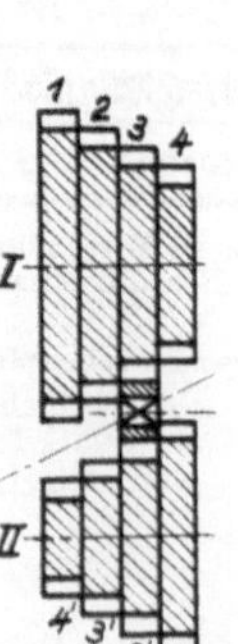

Abb. 11 Kupplungsgetriebe   Abb. 12 Ziehkeilgetriebe   Abb. 13 Schwenkradgetriebe   Abb. 14 Stufenrädersätze mit einschwenkbarem Zwischenrad

Tafel II.

Normsprünge, Normdurchmesser, Normübersetzungen.

Normsprung	Zusammenhang mit:					
	1,06	1,12	1,26	1,41	1,58	2,00
1,06	1,06	$\sqrt{1{,}12}$	$\sqrt[4]{1{,}26}$	$\sqrt[6]{1{,}41}$	$\sqrt[8]{1{,}58}$	$\sqrt[12]{2{,}00}$
1,12	$1{,}06^2$	1,12	$\sqrt{1{,}26}$	$\sqrt[3]{1{,}41}$	$\sqrt[4]{1{,}58}$	$\sqrt[6]{2{,}00}$
1,26	$1{,}06^4$	$1{,}12^2$	1,26	—	$\sqrt{1{,}58}$	$\sqrt[3]{2{,}00}$
1,41	$1{,}06^6$	$1{,}12^3$	—	1,41	—	$\sqrt{2{,}00}$
1,58	$1{,}06^8$	$1{,}12^4$	$1{,}26^2$	—	1,58	—
2,00	$1{,}06^{12}$	$1{,}12^6$	$1{,}26^3$	$1{,}41^2$	—	2,00

Abb. 15 Die sechs Stufensprünge der Drehzahlnormung und ihr mathematischer Zusammenhang.

63	100	158	251	398	631
67	106	168	266	422	668
70	112	178	282	447	701
75	119	188	299	473	750
79,5	126	200	316	501	794
84	133	211	335	531	841
89	141	224	355	562	891
94,5	150	237	376	596	944

Abb. 17 Vorschlag für Normdurchmesser von Stufenscheiben für Werkzeugmaschinen in mm. *

Exponent von 1:1,06	Normübersetzung	Exponent von 1:1,06	Normübersetzung	Exponent von 1:1,06	Normübersetzung	Exponent von 1:1,06	Normübersetzung	Exponent von 1:1,06	Normübersetzung
0	1:1,00	8	1:1,58	16	1:2,51	24	1:3,98 (1:4,00)	32	1:6,31
1	1:1,06	9	1:1,68	17	1:2,66	25	1:4,22	33	1:6,68
2	1:1,12	10	1:1,78	18	1:2,82	26	1:4,47	34	1:7,01
3	1:1,19	11	1:1,88	19	1:2,99 (1:3,00)	27	1:4,73	35	1:7,50
4	1:1,26	12	1:2,00	20	1:3,16	28	1:5,01	36	1:7,94 (1:8,00)
5	1:1,33	13	1:2,11	21	1:3,35	29	1:5,31	37	1:8,41
6	1:1,41	14	1:2,24	22	1:3,55	30	1:5,62	38	1:8,91
7	1:1,50	15	1:2,37	23	1:3,76	31	1:5,96	39	1:9,44

Abb. 16 Die normalen Uebersetzungsverhältnisse der Drehzahlnormung (Normübersetzungen).

1:1,00 = 0,500 : 0,500	1:1,58 = 0,387 : 0,613	1:2,51 = 0,285 : 0,715	1:3,98 ≈1:4,00 = 0,201 : 0,799
1:1,06 = 0,485 : 0,515	1:1,68 = 0,373 : 0,627	1:2,66 = 0,273 : 0,727	1:4,22 = 0,192 : 0,808
1:1,12 = 0,471 : 0,529	1:1,78 = 0,360 : 0,640	1:2,82 = 0,262 : 0,738	1:4,47 = 0,183 : 0,817
1:1,19 = 0,457 : 0,543	1:1,88 = 0,347 : 0,653	1:2,99 ≈1:3,00 = 0,251 : 0,749	1:4,73 = 0,1745 : 0,8255
1:1,26 = 0,443 : 0,557	1:2,00 = 0,334 : 0,666	1:3,16 = 0,240 : 0,760	1:5,01 = 0,1665 : 0,8335
1:1,33 = 0,429 : 0,571	1:2,11 = 0,321 : 0,679	1:3,35 = 0,230 : 0,770	1:5,31 = 0,1585 : 0,8415
1:1,41 = 0,415 : 0,585	1:2,24 = 0,309 : 0,691	1:3,55 = 0,220 : 0,780	bzw. die reziproken Werte: z. B. 1,06:1 = 0,515 : 0,485 usw.
1:1,50 = 0,401 : 0,599	1:2,37 = 0,297 : 0,703	1:3,76 = 0,210 : 0,790	

Abb. 18 Berechnungstabelle für Durchmesser von Stufenscheiben bei den Normübersetzungen, wenn gleiche Durchmessersumme nötig ist.*

Stufensprung φ	$\lg \varphi$
1,06	0,025
1,12	0,05
1,26	0,1
1,41	0,15
1,58	0,2
2,00	0,3

Abb. 19 Die Briggs'schen Logarithmen der normalen Stufensprünge.

Anwendungsbeispiel:

Durchmessersumme $2\,A = 400$ mm, Normübersetzungen $1:1,19$; $1:1,50$; $1:1,88$ · Stufensprung 1,26;

Durchmesser: $d_1 = 400 \cdot 0{,}457 = 183$ mm; $d_2 = 400 \cdot 0{,}543 = 217$ mm;
$d_3 = 400 \cdot 0{,}401 = 160$ mm; $d_4 = 400 \cdot 0{,}599 = 240$ mm;
$d_5 = 400 \cdot 0{,}347 = 139$ mm; $d_6 = 400 \cdot 0{,}653 = 261$ mm.

* Wann Abb. 17 und wann Abb. 18 anzuwenden ist, wird auf Seite 15 bis 17 des Textes erläutert.

Die günstigsten Zähnezahlen.

Obere Zeile: Vielfache von 12; untere Zeile: Vielfache von 18

Normübersetzung \ Zahnsumme	12	18	24	36	48	54	60	72	84	90	96	108	120	126	132	144
1:1,00	6:6	9:9	12:12	18:18	24:24	27:27	30:30	36:36	42:42	45:45	48:48	54:54	60:60	63:63	66:66	72:72
1:1,06								35:37								70:74
1:1,12			17:19					34:38				51:57				68:76
1:1,19								33:39								66:78
1:1,26		8:10		16:20		24:30		32:40		40:50		48:60		56:70		64:80
1:1,33								31:41								62:82
1:1,41	5:7		10:14	15:21	20:28		25:35	30:42	35:49		40:56	45:63	50:70		55:77	60:84
1:1,50								29:43								58:86
1:1,58		7:11		14:22		21:33		28:44		35:55		42:66		49:77		56:88
1:1,68								27:45								54:90
1:1,78				13:23				26:46				39:69				52:92
1:1,88								25:47								50:94
1:2,00	4:8	6:12	8:16	12:24	16:32	18:36	20:40	24:48	28:56	30:60	32:64	36:72	40:80	42:84	44:88	48:96

Abb. 20 Die günstigsten Zähnezahlen für die Normübersetzungen 1 : 1 bis 1 : 2.
(Siehe Text, Seite 19 bis 23.)

Zahnsumme	Ges. Übers.	10	15	20	30	40	45	50	60
	1:4 *	5/5 · 2/8	5/10 · 5/10	10/10 · 4/16	10/20 · 10/20 ; 15/15 · 6/24	20/20 · 8/32	15/30 · 15/30	25/25 · 10/40	20/40 · 20/40 ; 30/30 · 12/48
	1:8		5/10 · 3/12		10/20 · 6/24		15/30 · 9/36		20/40 · 12/48
	1:16 *	2/8 · 2/8	3/12 · 3/12	4/16 · 4/16	6/24 · 6/24	8/32 · 8/32	9/36 · 9/36	10/40 · 10/40	12/48 · 12/48

Zahnsumme	Ges. Übers.	70	75	80	90	100	105	110	120
	1:4 *	35/35 · 14/56	25/50 · 25/50	40/40 · 16/64	30/60 · 30/60 ; 45/45 · 18/72	50/50 · 20/80	35/70 · 35/70	55/55 · 22/88	40/80 · 40/80 ; 60/60 · 24/96
	1:8		25/50 · 15/60		30/60 · 18/72		35/70 · 21/84		40/80 · 24/96
	1:16 *	14/56 · 14/56	15/60 · 15/60	16/64 · 16/64	18/72 · 18/72	20/80 · 20/80	21/84 · 21/84	22/88 · 22/88	24/96 · 24/96

Zahnsumme	Ges. Übers.	130	135	140	150	160	165	170	180
	1:4 *	65/65 · 26/104	45/90 · 45/90	70/70 · 28/112	50/100 · 50/100 ; 75/75 · 30/120	80/80 · 32/128	55/110 · 55/110	85/85 · 34/136	60/120 · 60/120 ; 90/90 · 36/144
	1:8		45/90 · 27/108		50/100 · 30/120		55/110 · 33/132		60/120 · 36/144
	1:16 *	26/104 · 26/104	27/108 · 27/108	28/112 · 28/112	30/120 · 30/120	32/128 · 32/128	33/132 · 33/132	34/136 · 34/136	36/144 · 36/144

* Ges. Übers. 1:4 = $\frac{1}{2} \cdot \frac{1}{2}$ allein mit Zahns. Vielfache von 3; 1:16 = $\frac{1}{4} \cdot \frac{1}{4}$ allein Vielfache von 5

Abb. 21 Die günstigsten Zähnezahlen zur Erzeugung der Normübersetzungen 1 : 4; 1 : 8 und 1 : 16 durch Getriebe der Vorgelegeform.
(Siehe Text, Seite 52 bis 55.)

Tafel IV.

Grundformen der dreiachsigen Getriebe.

Ungebundene Getriebe

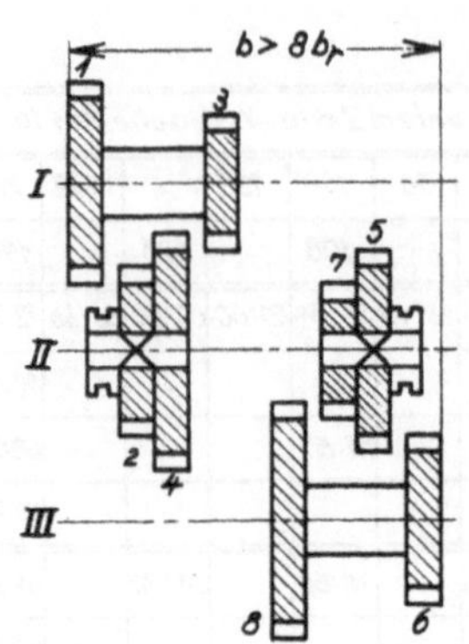

Abb. 22 Einfache Hintereinanderschaltung

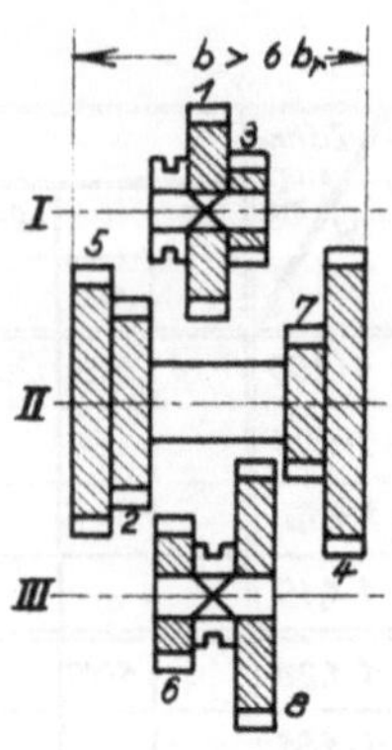

Abb. 23 Raumsparende Radanordnung

Einfach gebundene Getriebe

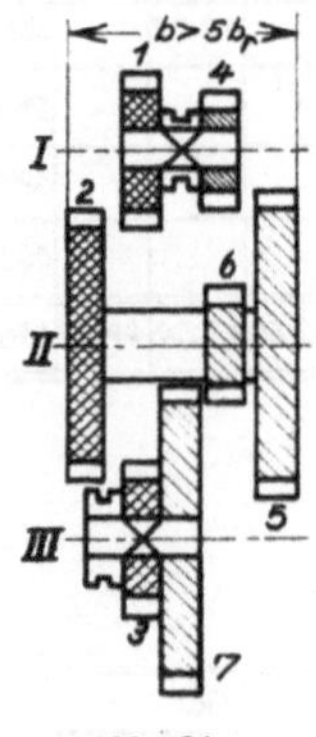

Abb. 24
Normale Form

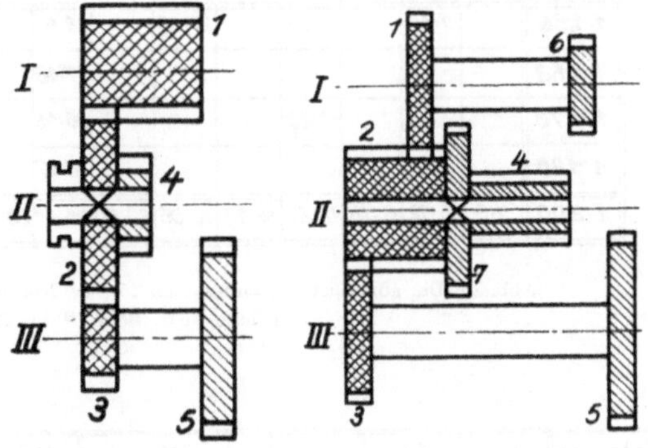

Sonderformen für Drehzahlen mit großem Unterschied.
(Zur Verwendung als Vervielfachungsgetriebe.)

Abb. 25 Für zwei
Enddrehzahlen

Abb. 26 Für drei Enddrehzahlen

Doppelt gebundene Getriebe

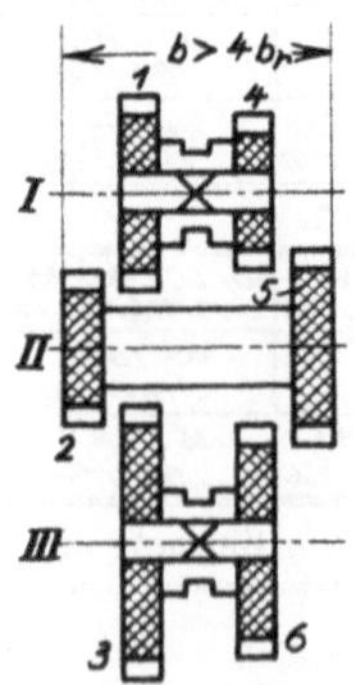

Abb. 27 mit Stufung der Raddurchmesser auf der mittleren
Welle nach der Radgrenzkurve

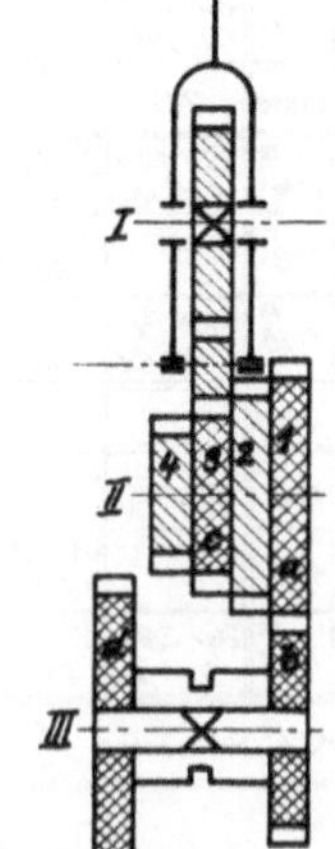

Abb. 28 mit geometrisch gestuften Raddurchmessern auf
der mittleren Welle

Aufbaunetze für geometrische Drehzahlstufung bei den wichtigsten Stufenzahlen.

Zwischen den Achsen ist in Klammern der Exponent für den Stufensprung der Drehzahlreihe angegeben, ausgedrückt als Potenz des Stufensprunges der Enddrehzahlen.

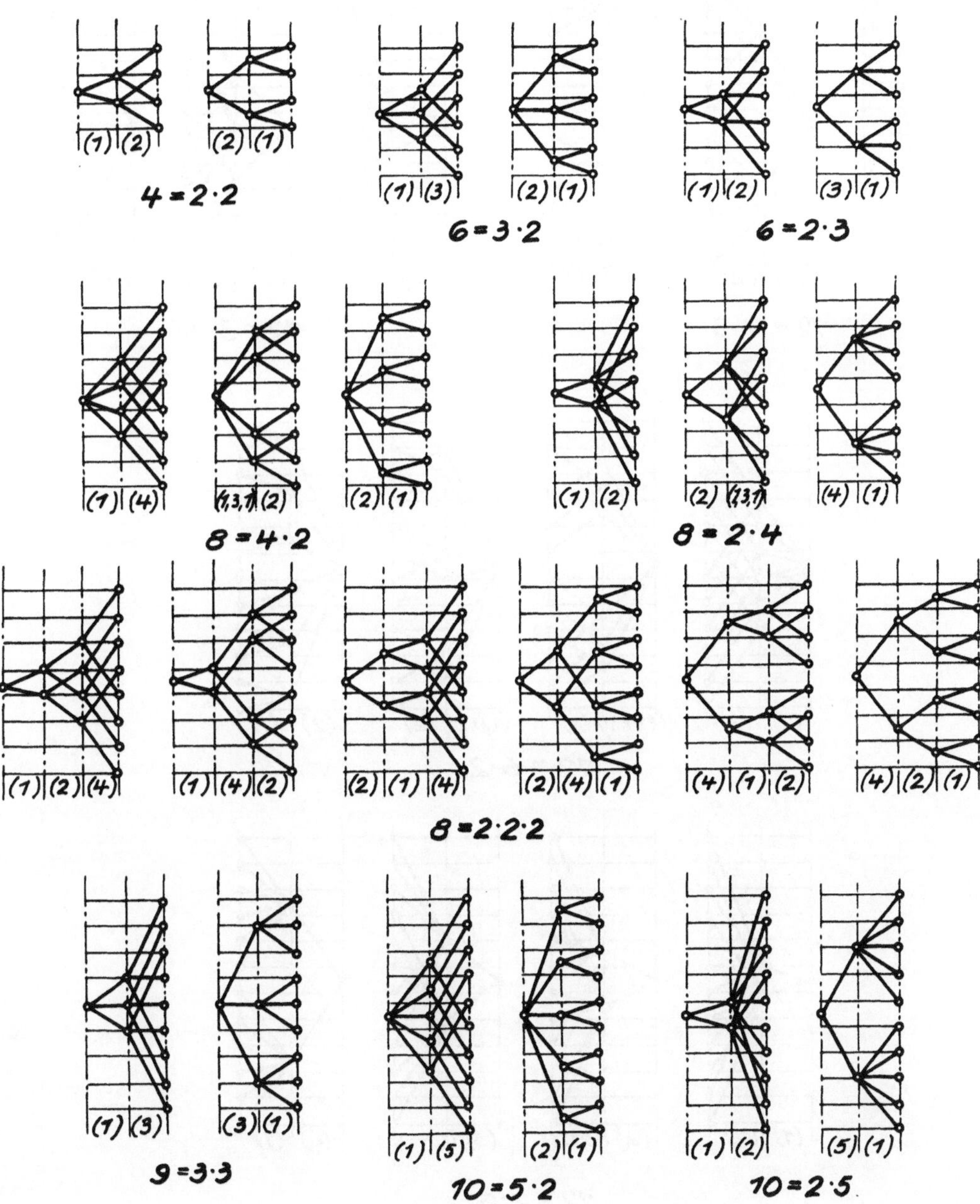

Tafel VI.

Aufbaunetze für geometrische Drehzahlstufung bei den wichtigsten Stufenzahlen
(Fortsetzung).

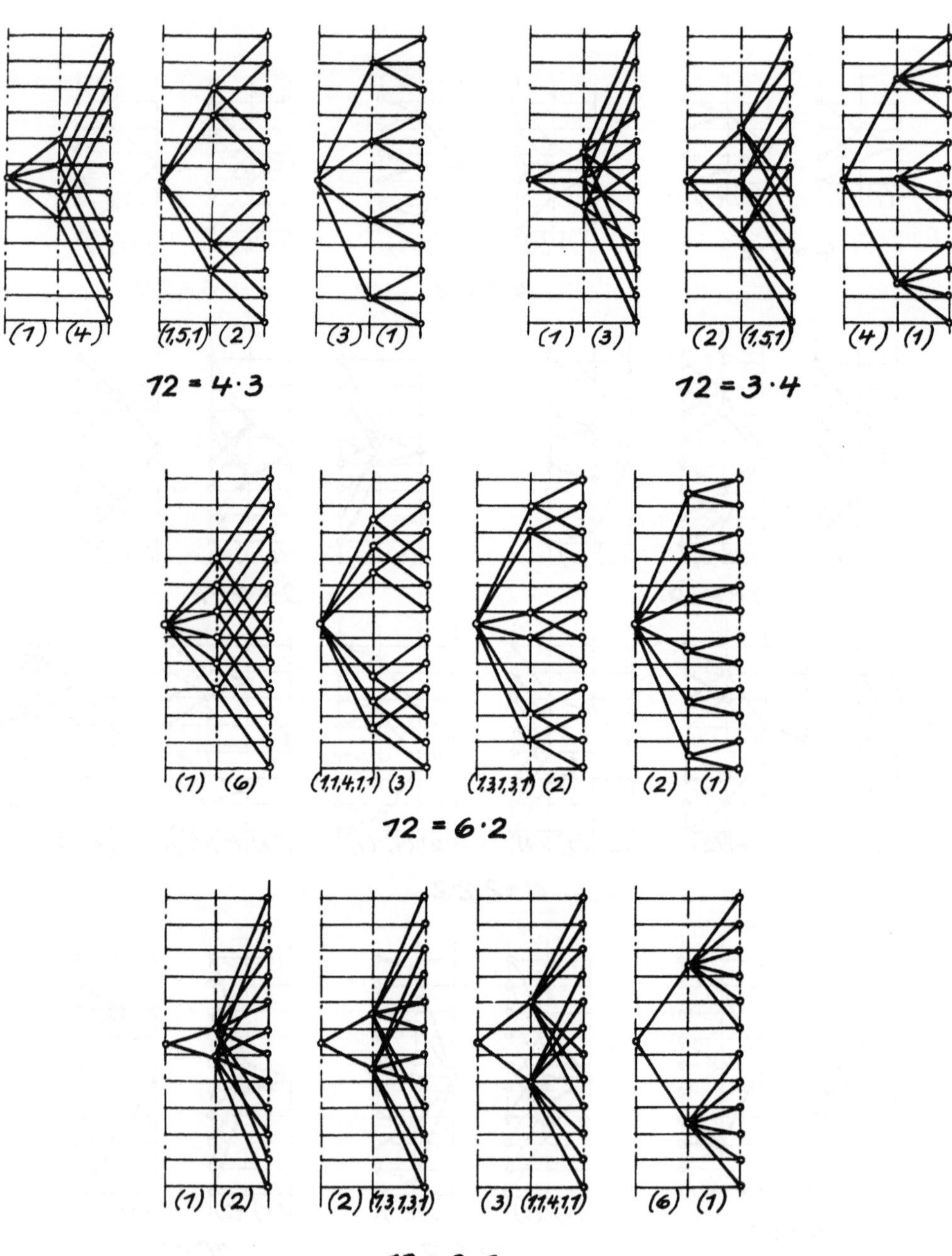

(1) (4) (1,5,1) (2) (3) (1) (1) (3) (2) (1,5,1) (4) (1)
12 = 4·3
12 = 3·4
(1) (6) (1,1,4,1,1) (3) (1,3,1,3,1) (2) (2) (1)
12 = 6·2
(1) (2) (2) (1,3,1,3,1) (3) (1,1,4,1,1) (6) (1)
12 = 2·6

Aufbaunetze für geometrische Drehzahlstufung bei den wichtigsten Stufenzahlen
(Fortsetzung).

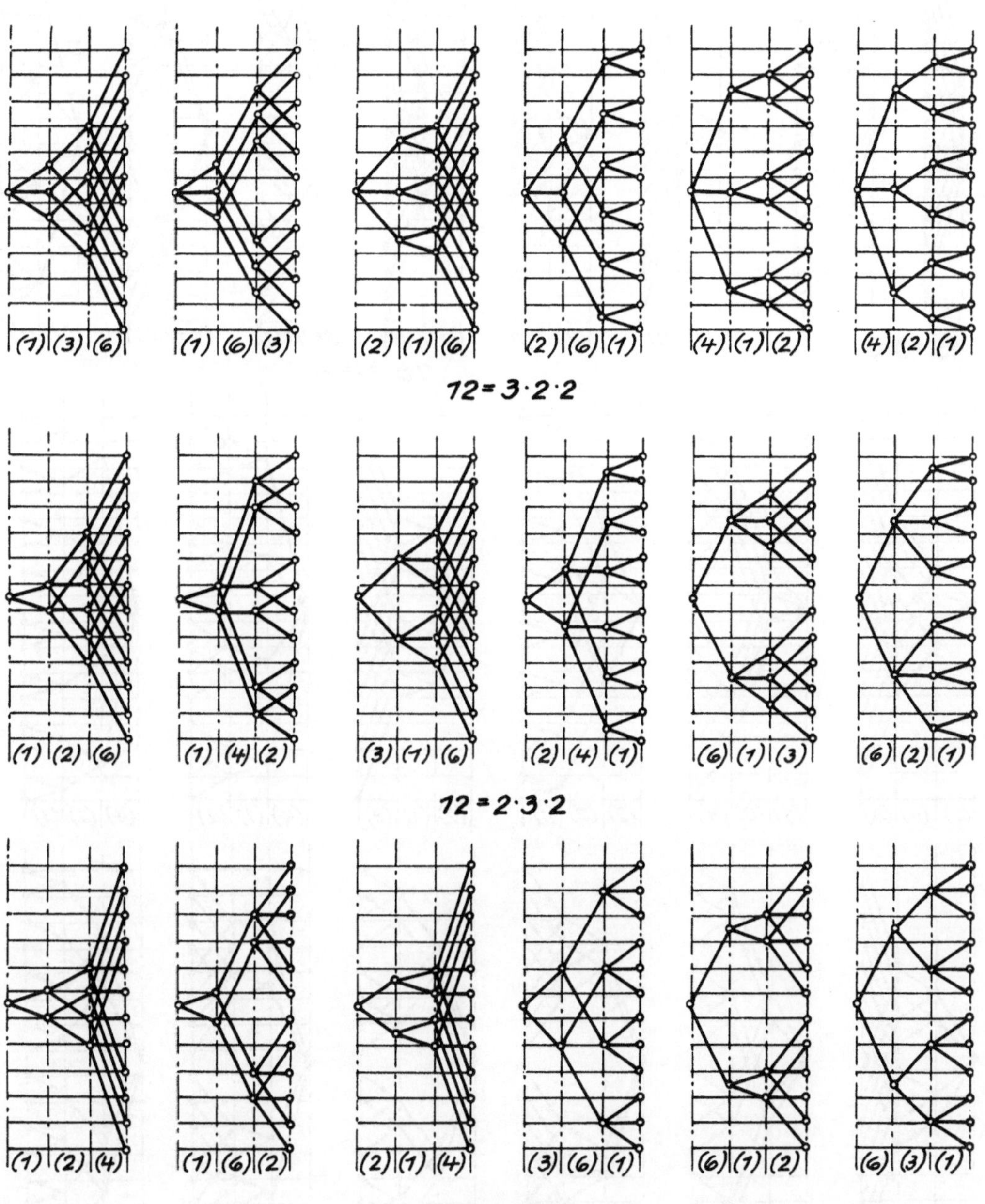

Tafel VIII.
Aufbaunetze für geometrische Drehzahlstufung bei den wichtigsten Stufenzahlen
(Fortsetzung).
(1) (5)   (3) (1)
15 = 5·3
(1) (4)   (2) (1,1,1)   (1,3,1)(1,2,1)   (1,2,1)(1,3,1)   (1,1,1)(2)   (4) (1)
16 = 4·4
(1) (4) (8)   (1) (8) (4)   (2) (8) (1)   (2) (1) (8)   (4) (1) (2)   (4) (2) (1)
(1,3,1) (2) (8)   (1,3,1) (8) (2)   (1,1,1) (2) (4)   (1,1,1) (4) (2)   (2,1,1) (1) (4)   (2,1,1) (4) (1)
16 = 4·2·2

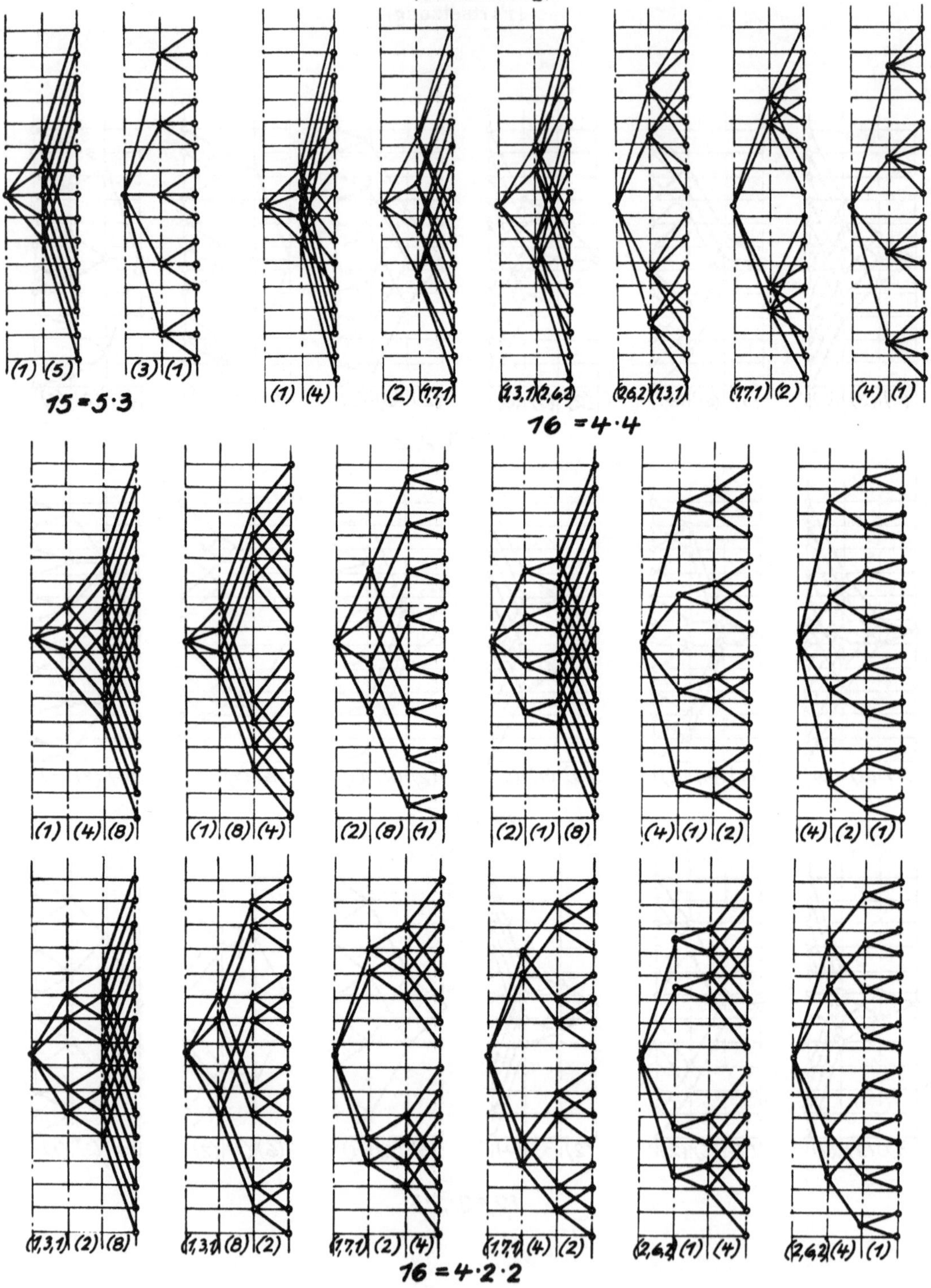

Aufbaunetze für geometrische Drehzahlstufung bei den wichtigsten Stufenzahlen
(Fortsetzung).

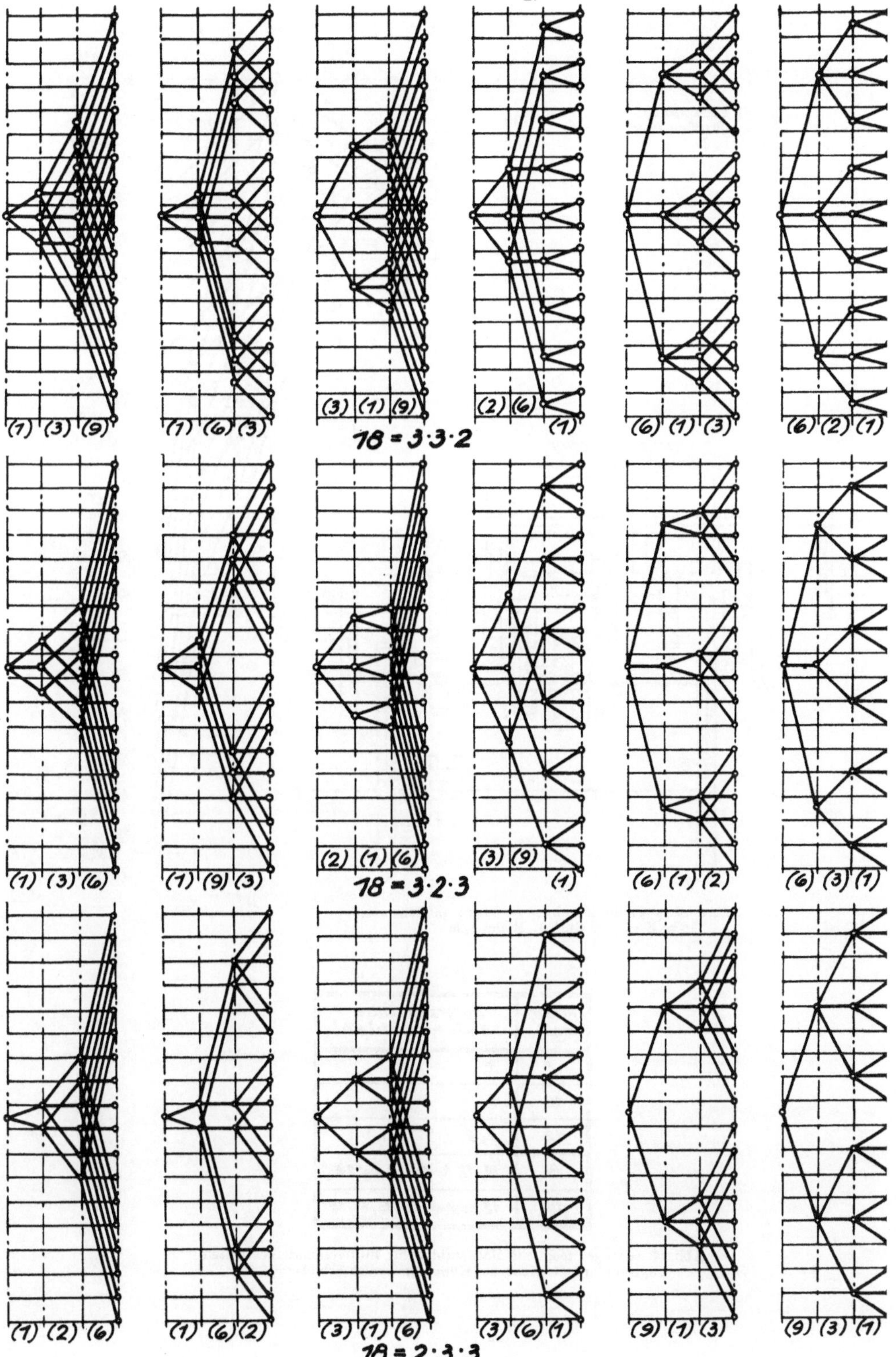

Tafel X.

Stufenzahl, Normdrehzahlreihe und Räderanzahl des Getriebes.

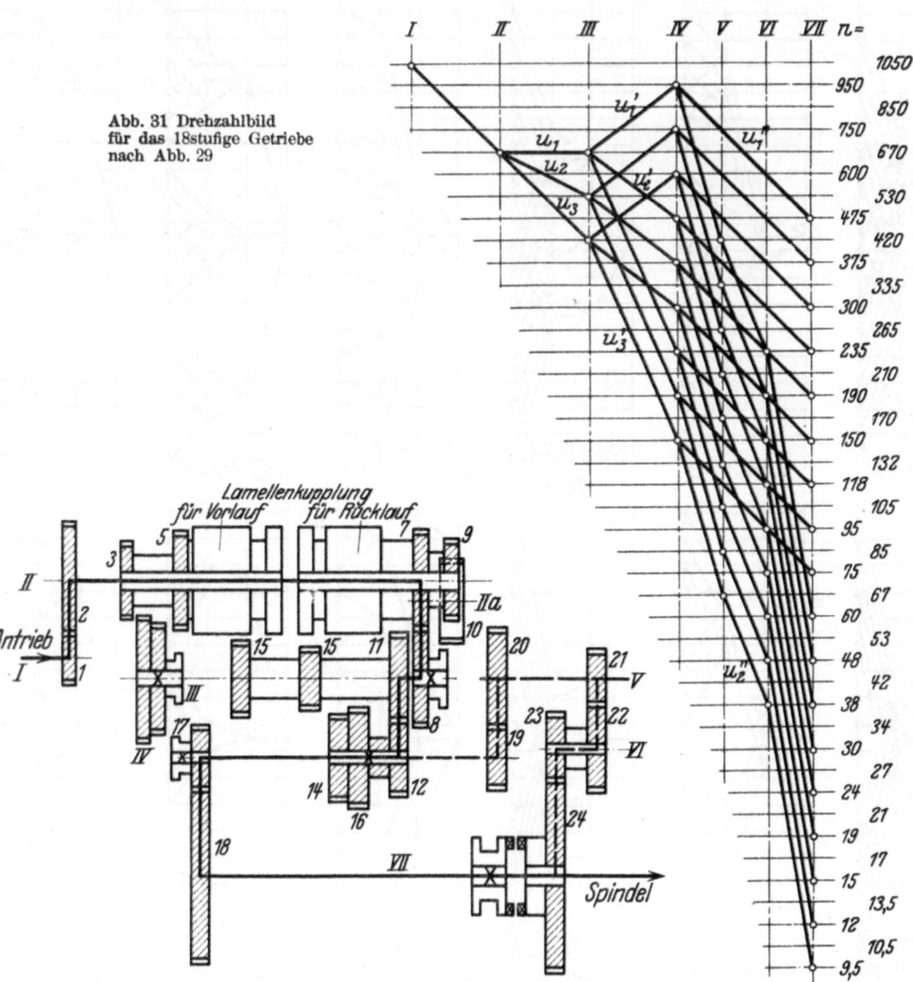

Abb. 29 Anordnungsbild für einen Drehbankspindelstock:
18 = 3 · 3 · 2 Stufen, Reihe 1,26

Räderzahl	Zu erzeugende Enddrehzahlen
8	4
10	6
12	8; 9
14	10; 12 (außer 6·2 und 2·6 !)
16	12 (= 6·2 und 2·6); 15; 16; 18

Abb. 33 Geringst mögliche Räderzahlen für hintereinandergeschaltete
ungebundene Getriebe der Kupplungs- oder Schieberadform

Stufenzahl, Normdrehzahlreihe und Räderanzahl des Getriebes (Fortsetzung).

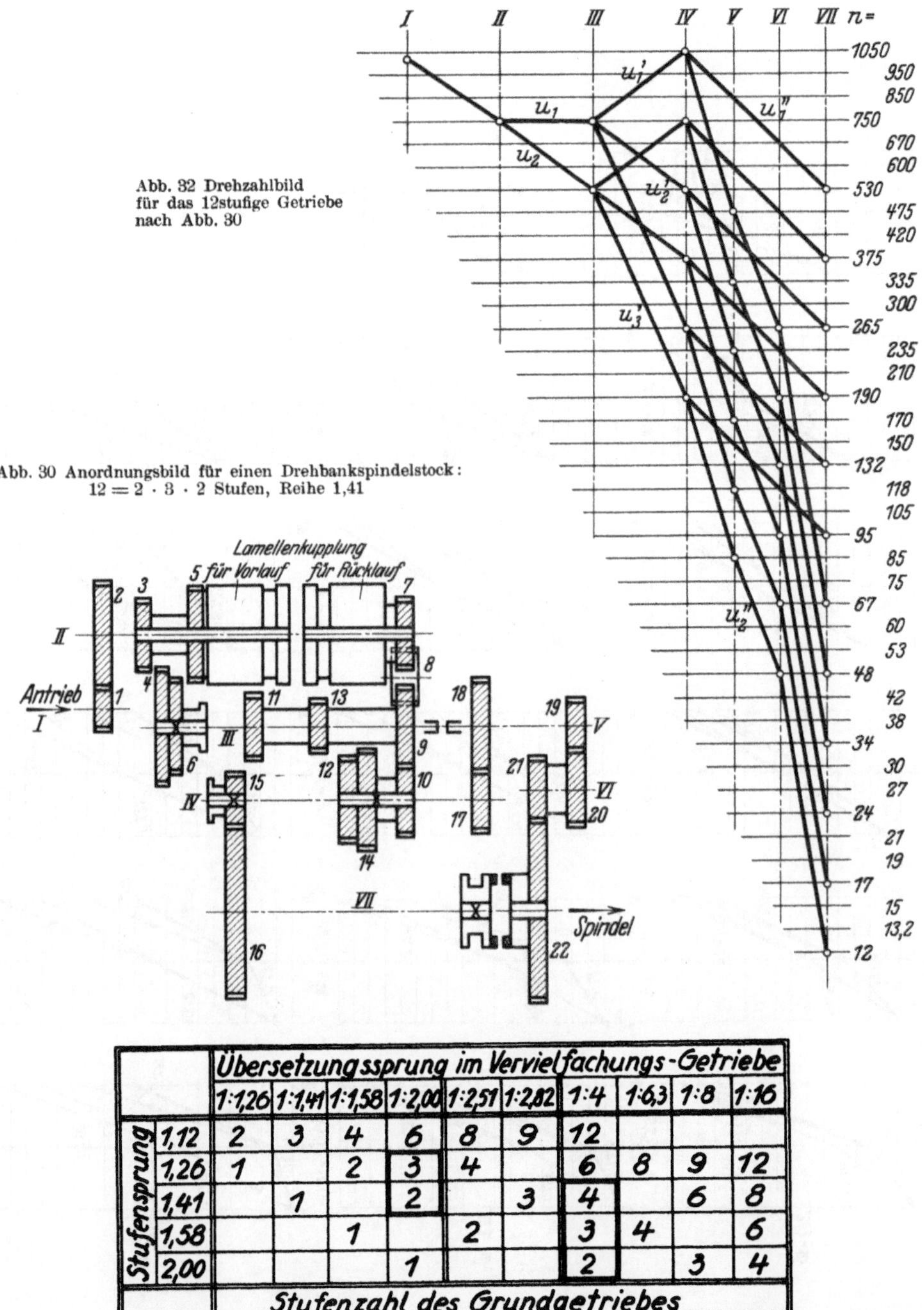

Abb. 32 Drehzahlbild
für das 12stufige Getriebe
nach Abb. 30

Abb. 30 Anordnungsbild für einen Drehbankspindelstock:
12 = 2 · 3 · 2 Stufen, Reihe 1,41

Stufensprung		Übersetzungssprung im Vervielfachungs-Getriebe									
		1:1,26	1:1,41	1:1,58	1:2,00	1:2,51	1:2,82	1:4	1:6,3	1:8	1:16
	1,12	2	3	4	6	8	9	12			
	1,26	1		2	3	4		6	8	9	12
	1,41		1		2		3	4		6	8
	1,58			1		2		3	4		6
	2,00				1			2		3	4
		Stufenzahl des Grundgetriebes									

Abb. 34 Tabelle der Umstellungsmöglichkeiten von einer auf eine andere Normdrehzahlreihe
(Siehe Text, Seite 36 bis 38.)

Drehzahlbilder der vierstufigen doppelt gebundenen Getriebe für Normdrehzahlen.

Tafel XII.

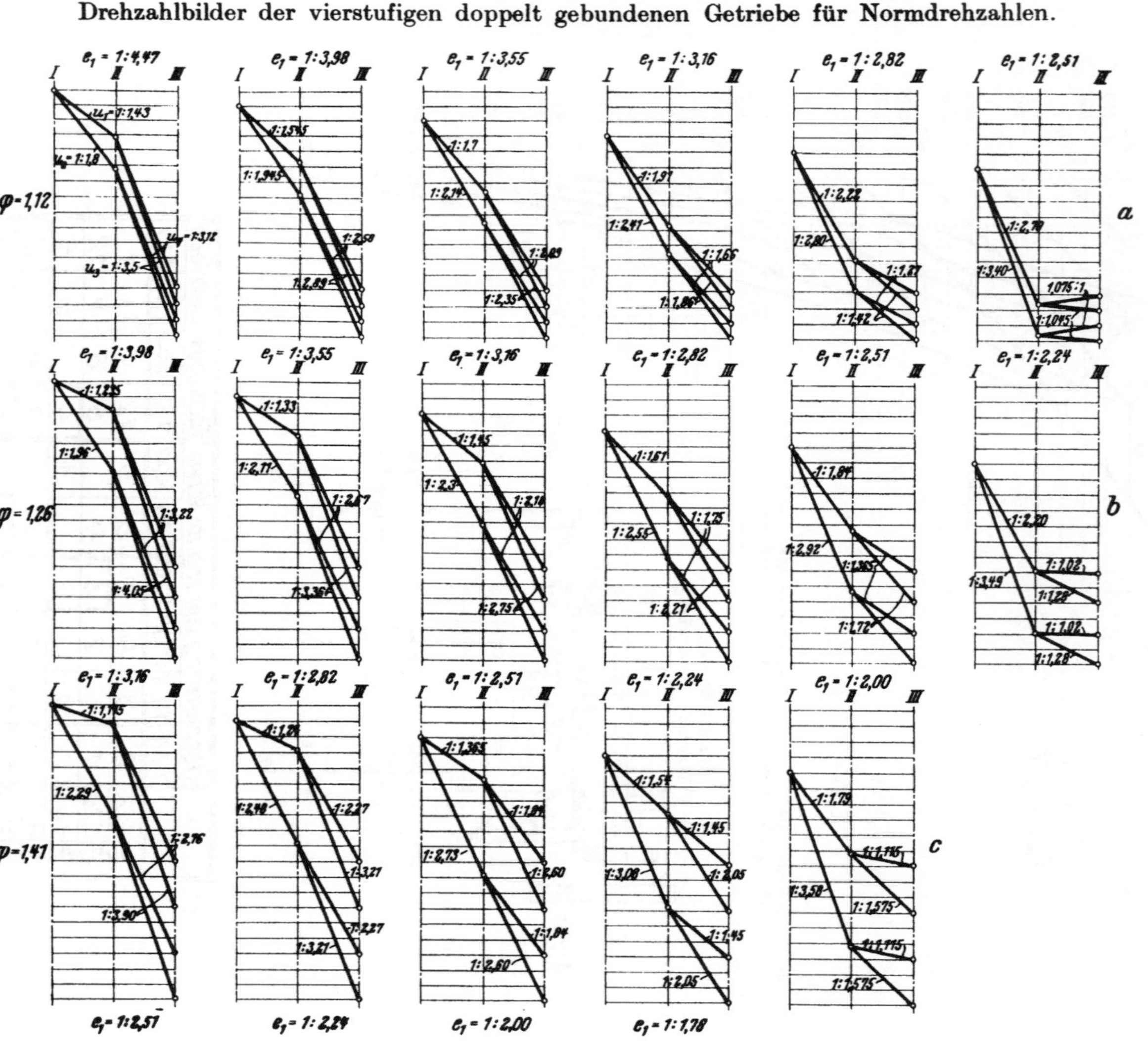

Drehzahlbilder der vierstufigen doppelt gebundenen Getriebe für Normdrehzahlen. (Fortsetzung).

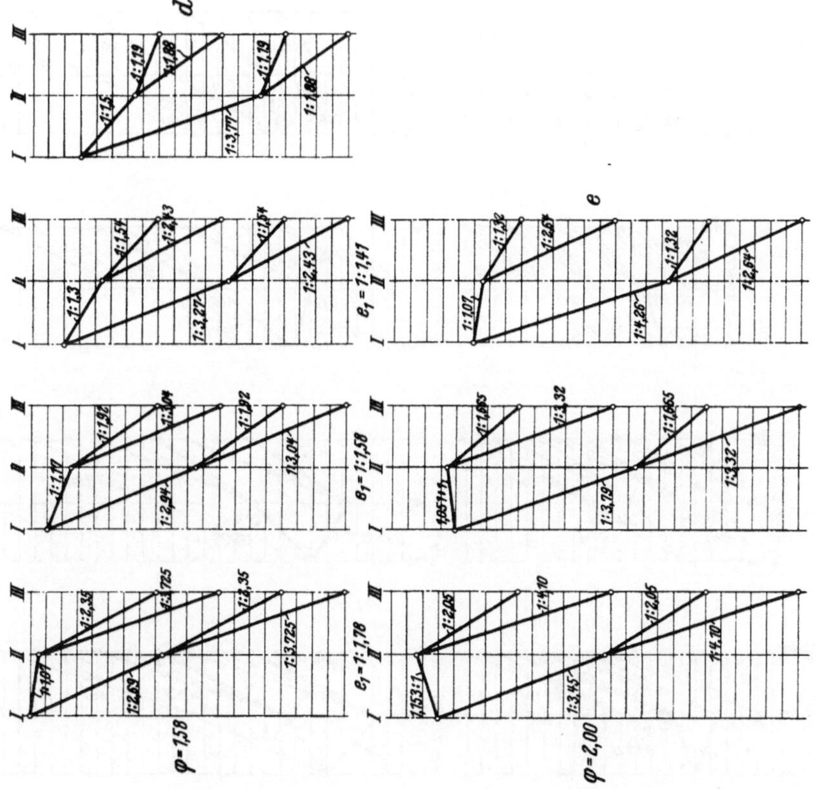

Drehzahlbilder der Rumpfgetriebe der sechs- und neunstufigen doppelt gebundenen Getriebe für Normdrehzahlen.

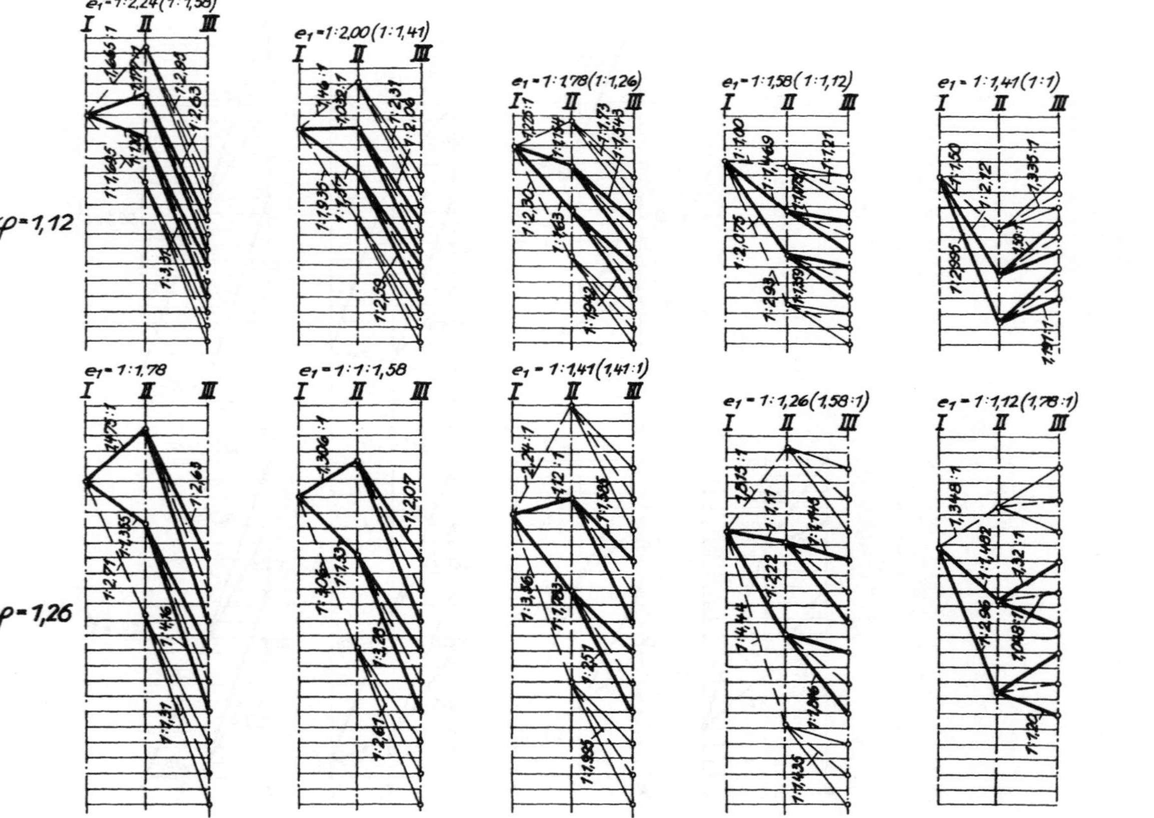

Drehzahlbilder der Rumpfgetriebe der sechs- und neunstufigen doppelt gebundenen Getriebe für Normdrehzahlen. (Fortsetzung).

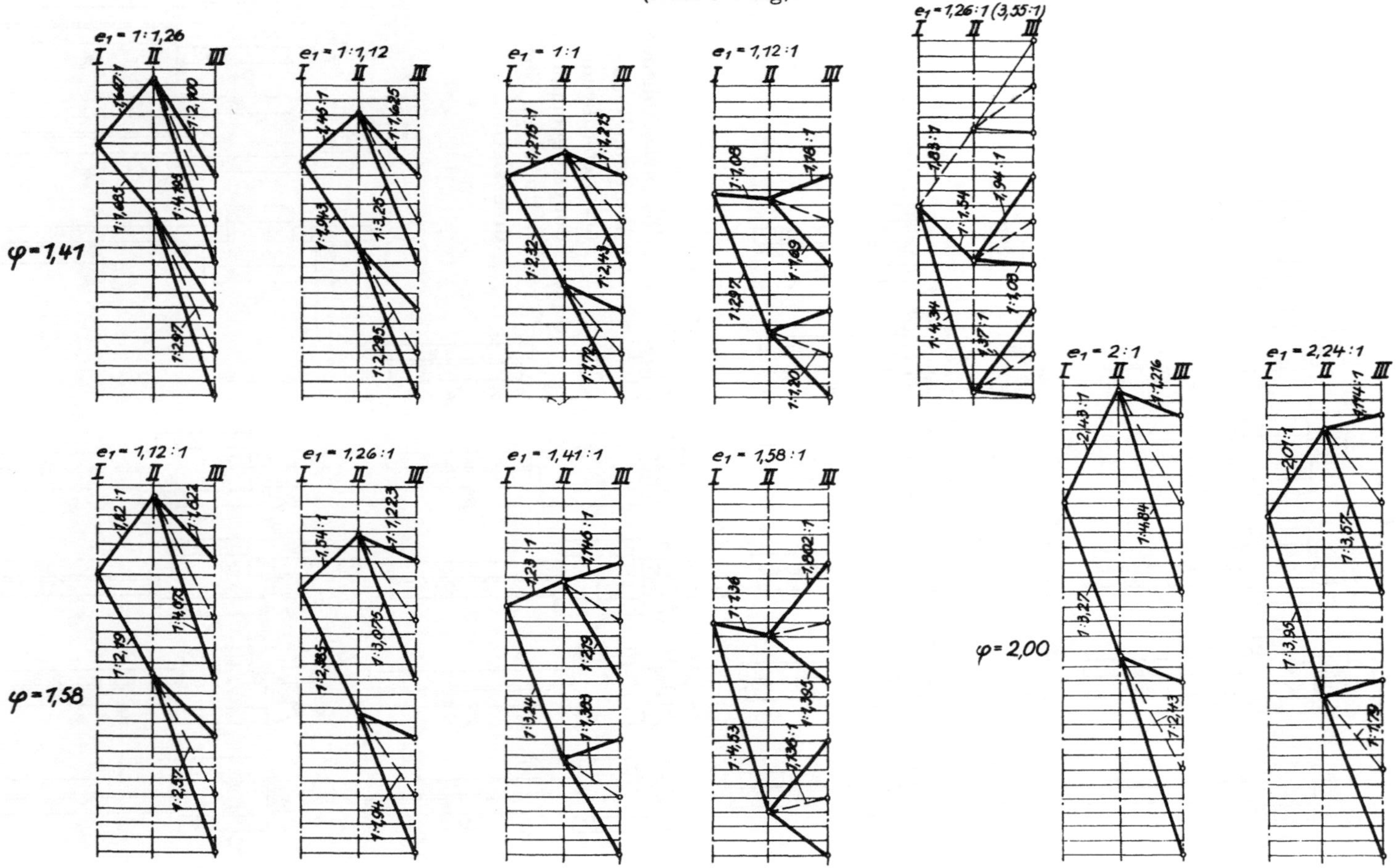

$\varphi = 2{,}00$

$\varphi = 1{,}41$

$\varphi = 1{,}58$

Germar, Getriebe.

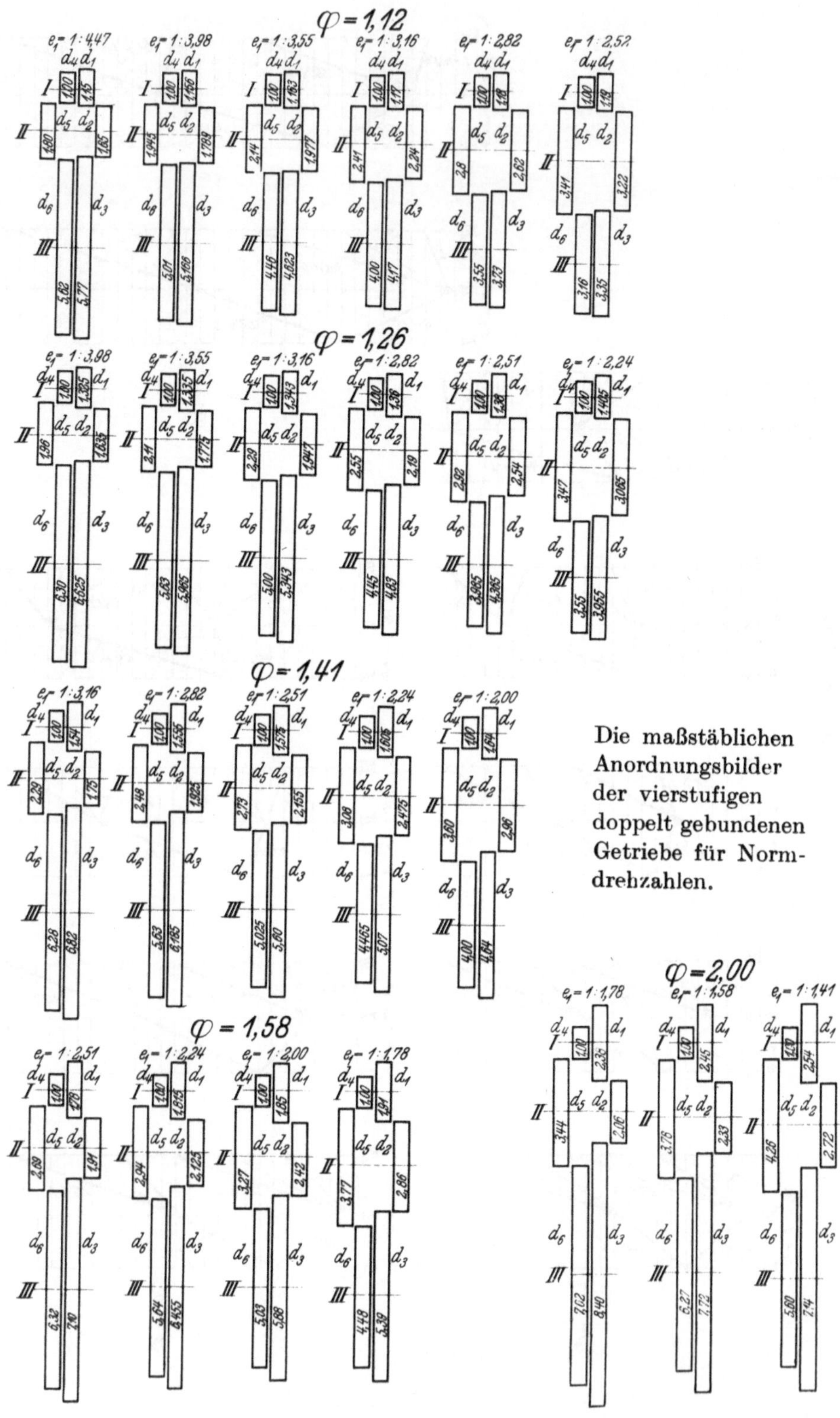

φ = 1,12
φ = 1,26
φ = 1,41
φ = 1,58
φ = 2,00
Die maßstäblichen
Anordnungsbilder
der vierstufigen
doppelt gebundenen
Getriebe für Norm-
drehzahlen.

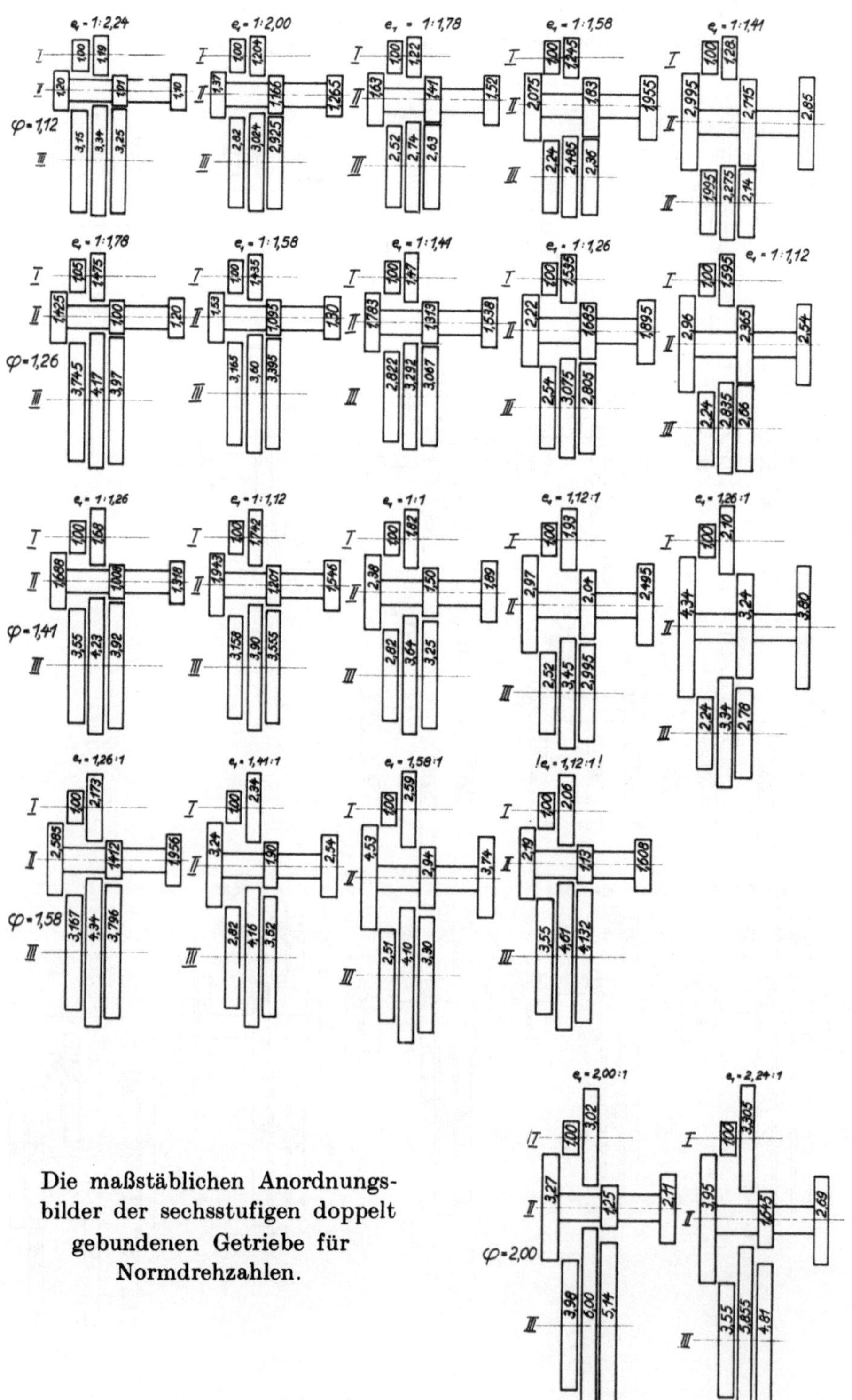

Die maßstäblichen Anordnungsbilder der sechsstufigen doppelt
gebundenen Getriebe für
Normdrehzahlen.

Tafel XVIII.

Die maßstäblichen Anordnungsbilder der neunstufigen
doppelt gebundenen Getriebe für Normdrehzahlen.

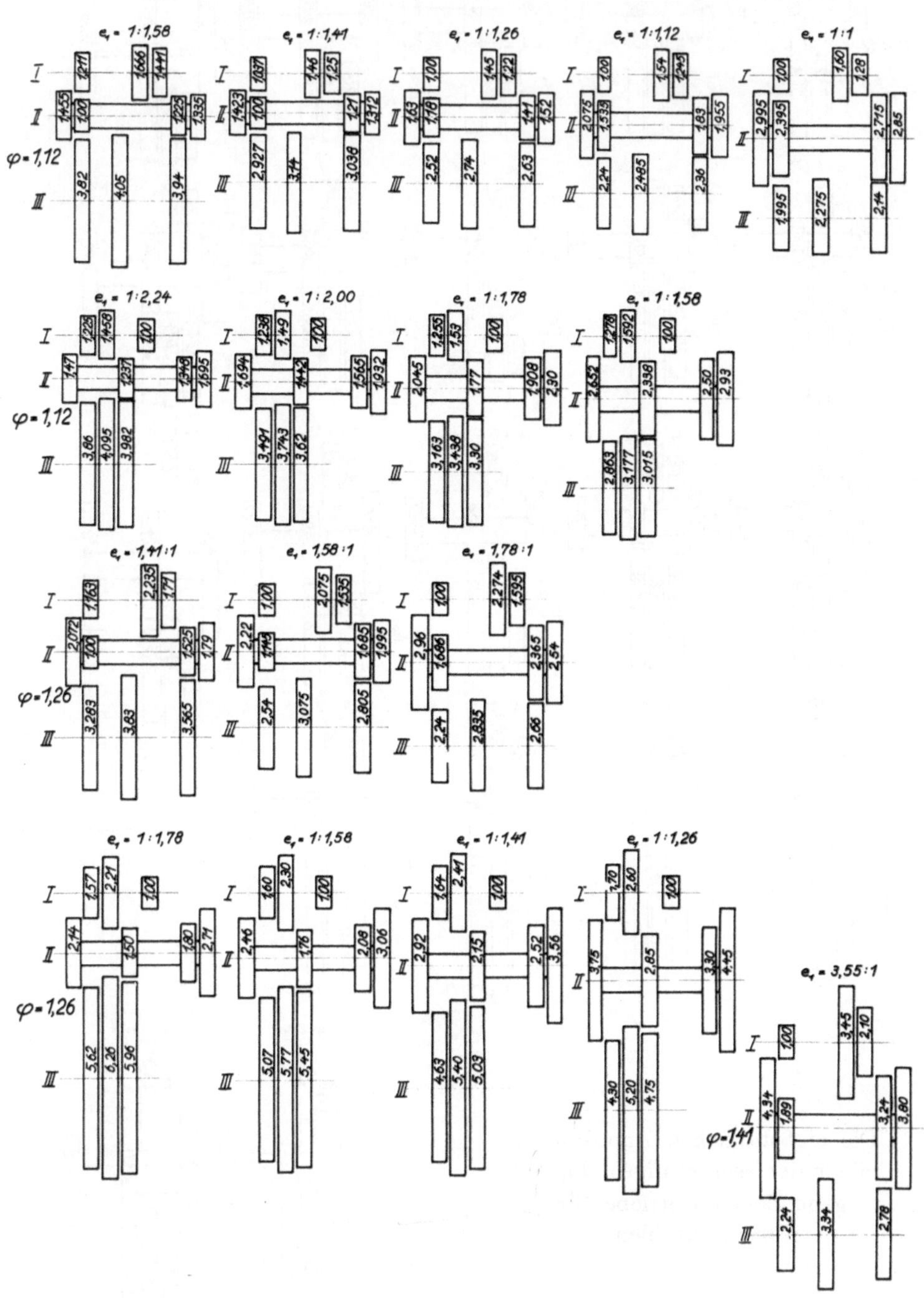

Getriebe der Vorgelegeform.

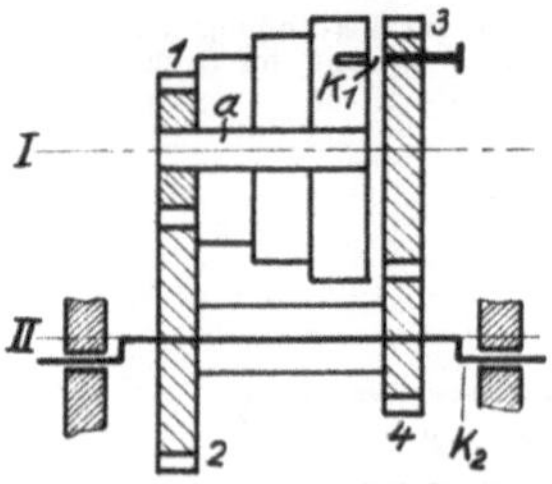

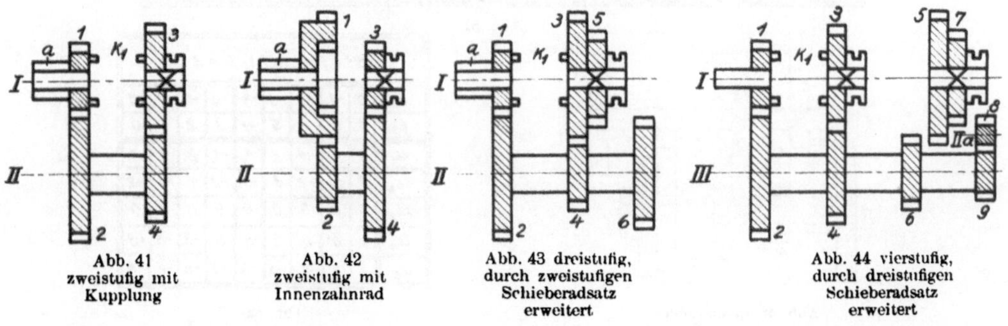

Abb. 35
Einfaches Vorgelege

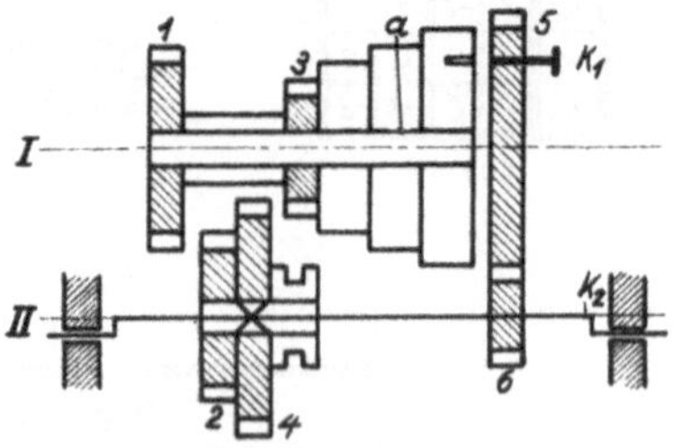

Abb. 36 Doppeltes Vorgelege,
zweiachsig

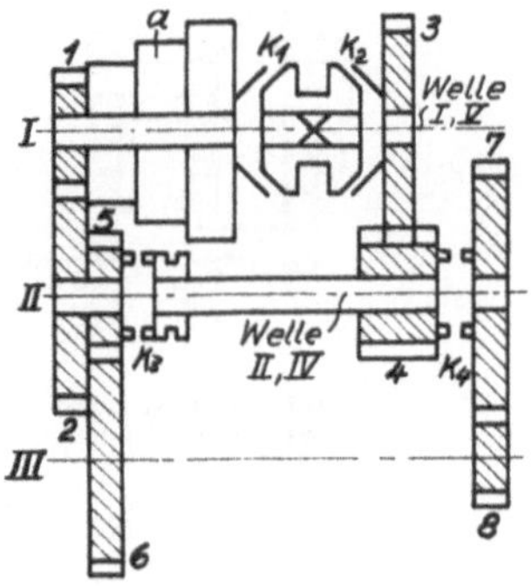

Abb. 37 Doppeltes Vorgelege.
dreiachsig, Kupplungsform

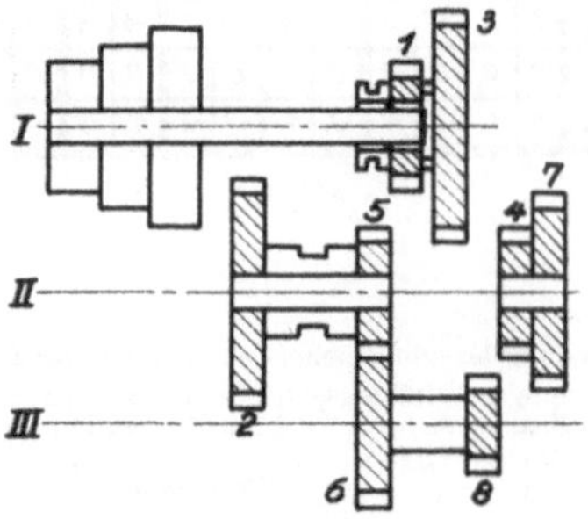

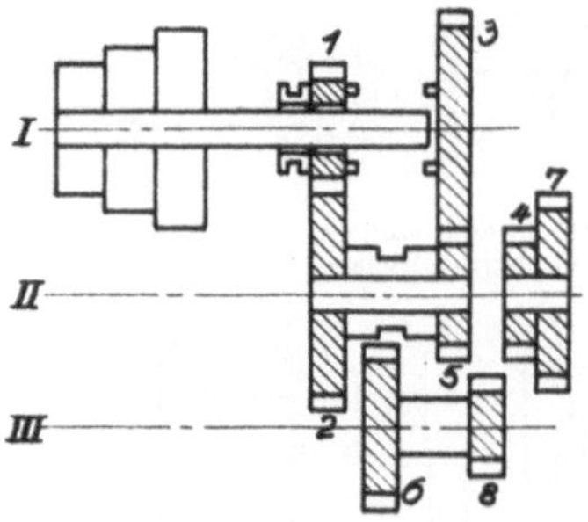

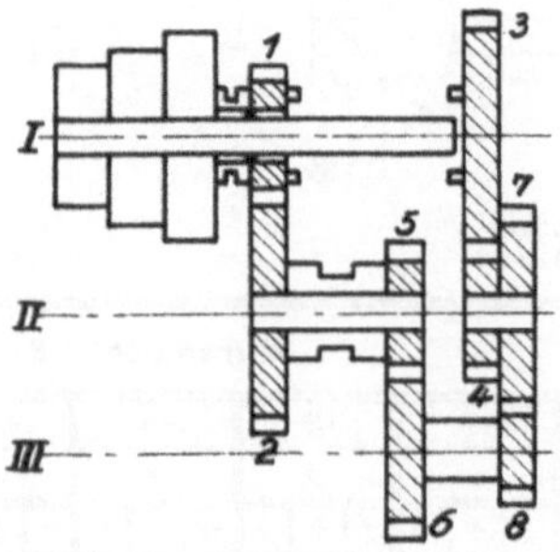

Abb. 38 bis 40
Doppeltes Vorgelege,
dreiachsig, Schiebe-
radform. Leeres Mit-
laufen von Rädern
und Wellen ver-
mieden

Abb. 38
Schaltstellung 1

Abb. 39
Schaltstellung 2

Abb. 40
Schaltstellung 3

Vorgelegegetriebe der Schieberadform und ihre Erweiterung
durch mehrstufige Schieberadsätze

Abb. 41
zweistufig mit
Kupplung

Abb. 42
zweistufig mit
Innenzahnrad

Abb. 43 dreistufig,
durch zweistufigen
Schieberadsatz
erweitert

Abb. 44 vierstufig,
durch dreistufigen
Schieberadsatz
erweitert

Tafel XX.

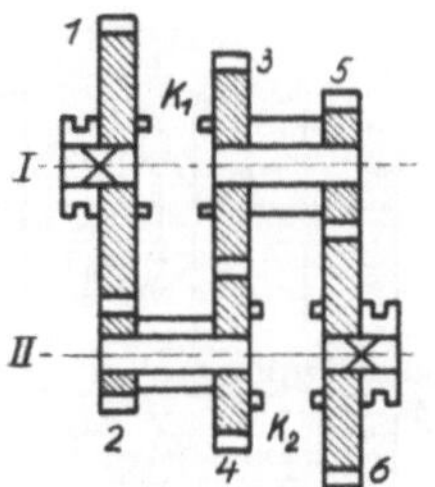

Abb. 45 vierstufiges
Windungsgetriebe

e_1	0	-1	-2	-3
e_4	3	2	1	0
u_1	1	-1	1	-1
u_2	0	0	0	0
u_3	2	2	-2	-2

Abb. 49

Getriebe der Windungsform und ihre Berechnung.

Abb. 49 bis 52

Exponententabellen zur Berechnung der
Räder aus dem Stufensprung der Drehzahlreihe

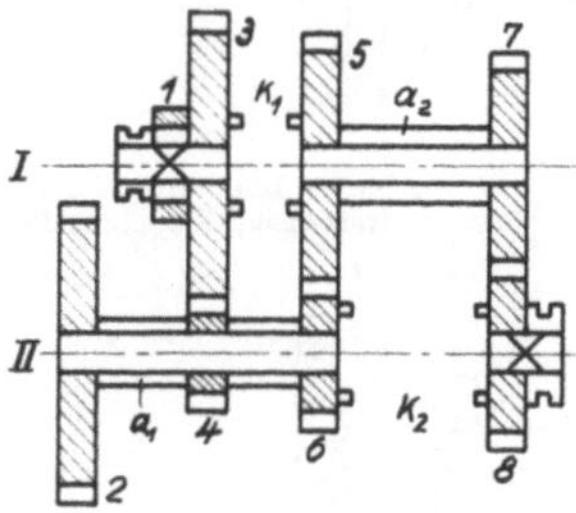

Abb. 46 sechsstufiges
Windungsgetriebe

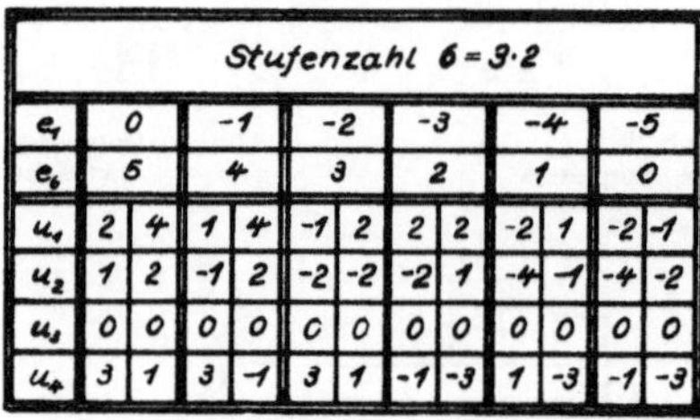

Stufenzahl 6 = 3·2

e_1	0		-1		-2		-3		-4		-5	
e_6	5		4		3		2		1		0	
u_1	2	4	1	4	-1	2	2	2	-2	1	-2	-1
u_2	1	2	-1	2	-2	-2	-2	1	-4	-1	-4	-2
u_3	0	0	0	0	0	0	0	0	0	0	0	0
u_4	3	1	3	-1	3	1	-1	-3	1	-3	-1	-3

Abb. 50

Anwendungsbeispiel (Siehe Text Seite 55 bis 58):
8-stufiges Windungsgetriebe für Reihe 1,26
Aufbau nach Spalte 1 (Abb. 51) ergibt:

$$u_1 = 1:\varphi^3 = 1:2$$
$$u_2 = 1:\varphi^2 = 1:1,58$$
$$u_3 = 1:\varphi^1 = 1:1,26$$
$$u_4 = 1:\varphi^0 = 1:1$$
$$u_5 = 1:\varphi^4 = 1:2,51$$

Zähnezahl-
summe
gewählt 70

$z_1 = 23$ $z_2 = 47$
$z_3 = 27$ $z_4 = 43$
$z_5 = 31$ $z_6 = 39$
$z_7 = 35$ $z_8 = 35$
$z_9 = 20$ $z_{10} = 50$

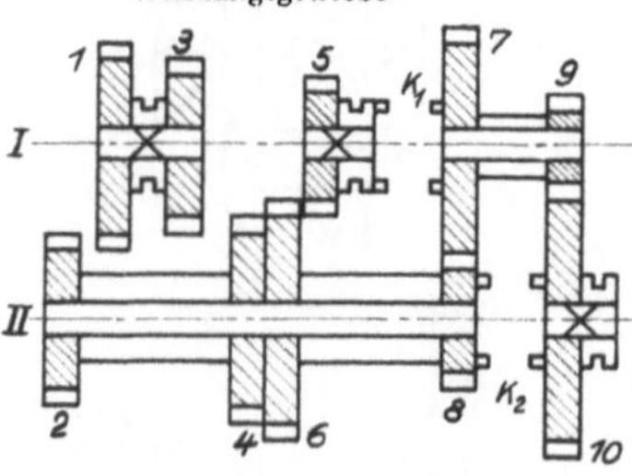

Abb. 47 achtstufiges
Windungsgetriebe

Stufenzahl 8 = 4·2

e_1	0			-1			-2			-3			-4			-5			-6			-7		
e_8	7			6			5			4			3			2			1			0		
u_1	3	5	6	2	4	6	1	4	5	-1	4	4	1	2	3	-1	2	2	-2	1	1	-2	-1	-1
u_2	2	4	4	1	3	[illegible]	-1	2	4	-2	2	3	-3	-2	2	-4	-2	1	-4	-3	-1	-4	-4	-2
u_3	1	1	2	-1	-1	2	-2	-2	1	-3	-2	-1	-4	-4	1	-5	-4	-1	-6	-4	-2	-6	-5	-3
u_4	0	0	0	0	0	0	0	0	0	0	0	0	0	0	0	0	0	0	0	0	0	0	0	0
u_5	4	2	1	4	2	-1	4	1	-2	4	-1	-2	2	1	-4	2	-1	-4	1	-2	-4	-1	-2	-4

Abb. 51

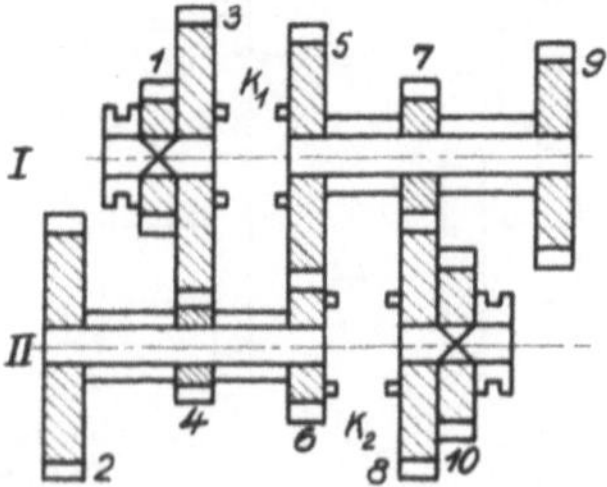

Abb. 48 neunstufiges
Windungsgetriebe

Stufenzahl 9 = 3·3

e_1	0	-1	-2	-3	-4	-5	-6	-7	-8
e_9	8	7	6	5	4	3	2	1	0
u_1	2	1	-1	2	1	-1	2	1	-1
u_2	1	-1	-2	1	-1	-2	1	-1	-2
u_3	0	0	0	0	0	0	0	0	0
u_4	6	6	6	3	3	3	-3	-3	-3
u_5	3	3	3	-3	-3	-3	-6	-6	-6

Abb. 52

Getriebe der Ruppertform und ihre Berechnung.

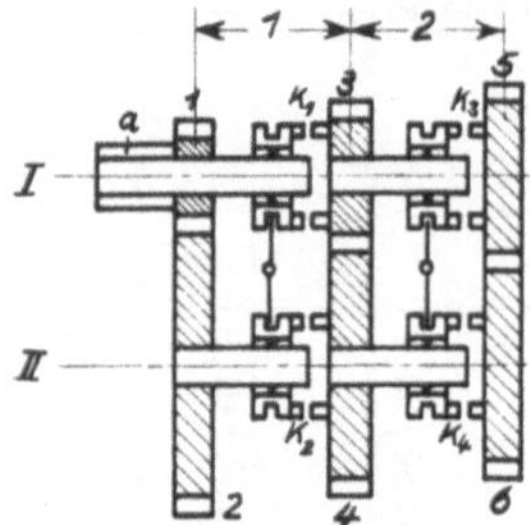

Abb. 53 Vierstufiges Getriebe der Ruppertform

e_1	0		-1		-2		-3	
e_4	3		2		1		·0	
u_1	0	0	0	0	0	0	0	0
u_2	-1	-2	1	-2	2	-1	2	1
u_3	-3	-3	-1	-1	1	1	3	3

Stufenzahl 4 = 2·2

Abb. 56

Abb. 56 und 57

Exponententabellen zur Berechnung der Räder aus dem Stufensprung der Drehzahlreihe

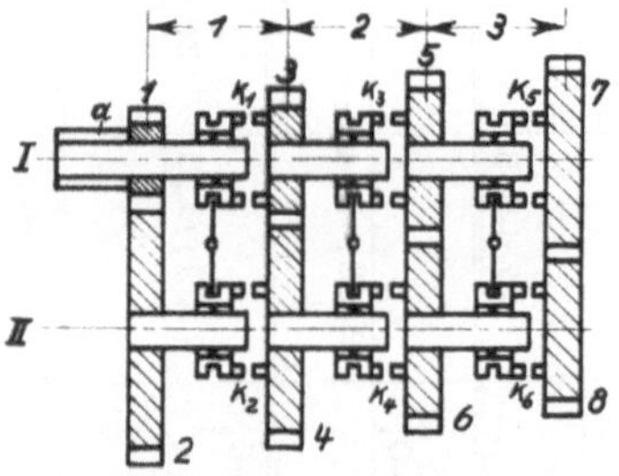

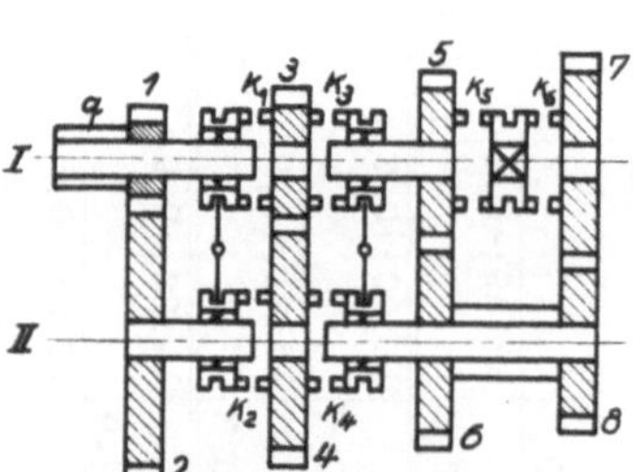

Abb. 54 Achtstufiges Getriebe der Ruppertform mit Kupplungsanordnung wie bei Abb. 53

Abb. 55 Achtstufiges Getriebe der Ruppertform mit anderer Kupplungsanordnung (eigentliches Ruppertgetriebe)

Stufenzahl 8 = 2·2·2

e_1	0						-1						-2						-3					
e_8	7						6						5						4					
u_1	0	0	0	0	0	0	0	0	0	0	0	0	0	0	0	0	0	0	0	0	0	0	0	0
u_2	-1	-2	-1	-4	-2	-4	1	-2	1	-4	-2	-4	-4	2	-1	2	-4	-1	-4	2	-4	1	2	1
u_3	-3	-3	-5	-5	-6	-6	-1	-1	-3	-3	-6	-6	-2	-2	1	1	-5	-5	-2	-2	-3	-3	3	3
u_4	-7	-7	-7	-7	-7	-7	-5	-5	-5	-5	-5	-5	-3	-3	-3	-3	-3	-3	-1	-1	-1	-1	-1	-1

e_1	-4						-5						-6						-7					
e_8	3						2						1						0					
u_1	0	0	0	0	0	0	0	0	0	0	0	0	0	0	0	0	0	0	0	0	0	0	0	0
u_2	-1	-2	-1	4	-2	4	1	4	-2	1	-2	4	4	2	4	-1	2	-1	4	2	4	1	2	1
u_3	-3	-3	3	3	2	2	5	5	-1	-1	2	2	6	6	3	3	1	1	6	6	5	5	3	3
u_4	1	1	1	1	1	1	3	3	3	3	3	3	5	5	5	5	5	5	7	7	7	7	7	7

Abb. 57

Anwendungsbeispiel (Siehe Text Seite 58 bis 61): 8-stufiges Ruppertgetriebe für Reihe 1,26

Aufbau nach Spalte 1 (Abb. 57) ergibt für:

$$u_1 = 1 : 1$$
$$u_2 = 1 : \varphi^{-1} = 1{,}26 : 1$$
$$u_3 = 1 : \varphi^{-3} = 2 : 1$$
$$u_4 = 1 : \varphi^{-7} = 5 : 1$$

u_4 ist eine konstruktiv ungünstig große Uebersetzung. Wir wählen daher $u_1 = 1 : 1{,}26$; Exponent $= +1$. Darum die übrigen Exponenten und Uebersetzungen:

$$-1 + 1 = 0; \quad u_2 = 1 : 1$$
$$-3 + 1 = -2; \quad u_3 = 1{,}58 : 1$$
$$-7 + 1 = -6; \quad u_4 = 4 : 1$$

Zähnezahlsumme $z = 90$

ergibt:

$z_1 = 40$	$z_2 = 50$
$z_3 = 45$	$z_4 = 45$
$z_5 = 55$	$z_6 = 35$
$z_7 = 72$	$z_8 = 18$

Tabellen zur Zähnezahlberechnung bei Getrieben für Normdrehzahlen.

DRGM 1215201: Tabellenwerk zur Berechnung der Zähnezahlen, Übersetzungsverhältnisse und Zähnezahlsummen von Rädergetrieben
(Siehe Text: Seite 24 und 25).

1:	30	31	32	33	34	35	36	37	38	39	1:
1,00	15:15; 0		16:16; 0		17:17; 0		18:18; 0		19:19; 0		1,00
1,06		15:16;-0,7		16:17;-0,3		17:18; 0		18:19;+0,4		19:20;+0,6	1,06
1,12			15:17;-1,0		16:18;-0,3			17:19;+0,4	18:20;+1,0		1,12
1,19				15:18;-1,0		16:19;+0,1		17:20;+1,0			1,19
1,26					15:19;-0,6		16:20;+0,7				1,26
1,33						15:20; 0					1,33
1,41					14:20;-1,1		15:21;+0,9				1,41
1,50	12:18;-0,3					14:21;-0,3					1,50
1,58		12:19;+0,1					14:22;+0,9			15:24;-0,9	1,58
1,68			12:20;+0,7			13:22;-0,8					1,68
1,78							13:23;+0,5			14:25;-0,4	1,78
1,88			11:21;-1,3								1,88
2,00	10:20;-0,2			11:22;-0,2			12:24;-0,2			13:26;-0,2	2,00
2,11		10:21;+0,6			11:23;+1,1			12:25;+1,4			2,11
2,24							11:25;-1,5			12:27;-0,5	2,24
2,37					10:24;-1,2			11:26;+0,3			2,37
2,51						10:25;+0,5				11:28;-1,3	2,51
2,66				9:24;-0,2				10:27;-1,5			2,66
2,82					9:25;+1,5				10:28;+0,7		2,82
2,99			8:24;-0,5				9:27;-0,5				2,99
3,16			8:25;+1,2								3,16
3,35						8:27;-0,8				9:30;+0,5	3,35
3,55			7:25;-0,7				8:28;+1,4				3,55
3,76				7:26;+1,2					8:30;+0,2		3,76
3,98	6:24;-0,5					7:28;-0,5					3,98
4,22		6:25;+1,2					7:29;+1,8	7:30;-1,6			4,22
4,47				6:27;-0,7					7:31;+0,9		4,47
4,73					6:28;+1,4						4,73
5,01							6:30;+0,2				5,01
5,31									6:32;-0,5		5,31
5,62											5,62
5,96											5,96

Tabellen zur Zähnezahlberechnung bei Getrieben für Normdrehzahlen. (Fortsetzung).

1:	40	41	42	43	44	45	46	47	48	49	1:
1,00	20:20; 0		21:21; 0		22:22; 0		23:23; 0		24:24; 0		1,00
1,06		20:21;+0,9		21:22;+1,1		22:23;+1,3		23:24;+1,5			1,06
1,12	19:21;+1,5							22:25;-1,3		23:26;-0,7	1,12
1,19					20:24;-1,0		21:25;-0,2		22:26;+0,6		1,19
1,26		18:23;-1,5		19:24;-0,3		20:25;+0,7					1,26
1,33	17:23;-1,4		18:24; 0		19:25;+1,3			20:27;-1,2		21:28; 0	1,33
1,41		17:24;+0,1					19:27;-0,6		20:28;+0,9		1,41
1,50	16:24;-0,3					18:27;-0,3		19:28;+1,5			1,50
1,58		16:25;+1,4			17:27;-0,2					19:30;+0,4	1,58
1,68	15:25;+0,7			16:27;-0,5					18:30;+0,7		1,68
1,78			15:27;-1,2					17:30;+0,8			1,78
1,88	14:26;+1,4			15:28;+0,9			16:30;+0,5			17:32;+0,1	1,88
2,00			14:28;-0,2			15:30;-0,2			16:32;-0,2		2,00
2,11					14:30;-1,4			15:32;-0,9			2,11
2,24			13:29;+0,4			14:31;+1,1				15:34;-1,2	2,24
2,37					13:31;-0,6			14:33;+0,6			2,37
2,51			12:30;+0,5				13:33;-1,0			14:35;+0,5	2,51
2,66	11:29;+0,9				12:32;-0,2				13:35;-1,2		2,66
2,82			11:31; 0				12:34;-0,5				2,82
2,99	10:30;-0,5				11:33;-0,5				12:36;-0,5		2,99
3,16			10:32;-1,2				11:35;-0,6				3,16
3,35				10:33;+1,5	10:34;-1,5				11:37;-0,4		3,35
3,55		9:32;-0,2				10:35;+1,4	10:36;-1,4				3,55
3,76				9:34;-0,5					10:38;-1,1		3,76
3,98	8:32;-0,5					9:36;-0,5					3,98
4,22			8:34;-0,8					9:38;-0,1			4,22
4,47					8:36;-0,7					9:40;+0,5	4,47
4,73	7:33;+0,4						8:38;-0,4				4,73
5,01			7:35;+0,2						8:40;+0,2		5,01
5,31					7:37;+0,4						5,31
5,62	6:34;-0,8						7:39;+0,9	7:40;-1,6			5,62
5,96			6:36;-0,7						7:41;+1,7	7:42;-0,7	5,96

Tabellen zur Zähnezahlberechnung bei Getrieben für Normdrehzahlen (Fortsetzung).

1:	50	51	52	53	54	55	56	57	58	59	1:
1,00	25:25; 0		26:26; 0		27:27; 0		28:28; 0		29:29; 0		1,00
1,06							27:29;−1,4		28:30;−1,1		1,06
1,12		24:27;−0,3		25:28;+0,2		26:29;+0,6		27:30;+1,0		28:31;+1,3	1,12
1,19	23:27;+1,2					25:30;−1,0		26:31;−0,3		27:32;+0,3	1,19
1,26	22:28;−1,1		23:29;−0,2		24:30;+0,7		25:31;+1,5			26:33;−0,8	1,26
1,33		22:29;+1,2			23:31;−1,1		24:32; 0	25:33;+1,0			1,33
1,41		21:30;−1,1		22:31;+0,2		23:32;+1,5			24:34;−0,3		1,41
1,50	20:30;−0,3		21:31;+1,4			22:33;−0,3		23:34;+1,2			1,50
1,58		19:32;−0,3	20:32;−0,9		21:33;+0,9			22:35;−0,4		23:36;+1,3	1,58
1,68					20:34;−1,2		21:35;+0,7			22:37;−0,2	1,68
1,78	18:32; 0			19:34;−0,6			20:36;−1,2		21:37;+0,9		1,78
1,88			18:34;−0,3			19:36;−0,6			20:38;−0,9		1,88
2,00		17:34;−0,2			18:36;−0,2			19:38;−0,2			2,00
2,11	16:34;−0,5			17:36;−0,2			18:38;+0,1			19:40;+0,4	2,11
2,24			16:36;−0,5			17:38;+0,2			18:40;+0,7		2,24
2,37		15:36;−1,2			16:38;−0,2			17:40;+0,8			2,37
2,51				15:38;−0,8			16:40;+0,5				2,51
2,66		14:37;+0,7				15:40;−0,2			16:42;+1,4	16:43;−1,0	2,66
2,82	13:37;−1,0			14:39;+1,2	14:40;−1,4			15:42;+0,7			2,82
2,99			13:39;−0,5				14:42;−0,5				2,99
3,16	12:38;−0,1				13:41;+0,2				14:44;+0,6		3,16
3,35			12:40;+0,5				13:43;+1,3	13:44;−1,0			3,35
3,55	11:39;+0,1				12:42;+1,4	12:43;−1,0				13:46;+0,3	3,55
3,76			11:41;+0,8	11:42;−1,5				12:45;+0,2			3,76
3,98	10:40;−0,5				11:43;+1,8	11:44;−0,5				12:47;+1,6	3,98
4,22			10:42;+0,4	10:43;−1,9				11:46;+0,8	11:47;−1,3		4,22
4,47	9:41;−1,9				10:44;+1,5	10:45;−0,7					4,47
4,73		9:42;+1,4	9:43;−1,0					10:47;+0,6	10:48;−1,4		4,73
5,01					9:45;+0,2	9:46;−1,9					5,01
5,31	8:42;+1,1	8:43;−1,2					9:47;+1,7	9:48;−0,5			5,31
5,62				8:45; 0						9:50;+1,2	5,62
5,96						8:47;+1,4	8:48;−0,7				5,96

Tafel XXIV.

Tabellen zur Zähnezahlberechnung bei Getrieben für Normdrehzahlen (Fortsetzung).

1:	60	61	62	63	64	65	66	67	68	69	1:
1,00	30:30; 0		31:31; 0		32:32; 0		33:33; 0		34:34; 0		1,00
1,06	29:31;-0,9		30:32;-0,7		31:33;-0,5		32:34;-0,3		33:35;-0,1		1,06
1,12			29:33;-1,4		30:34;-1,0		31:35;-0,6		32:36;-0,3		1,12
1,19		28:33;+0,8		29:34;+1,4	29:35;-1,5		30:36;-1,0		31:37;-0,4		1,19
1,26		27:34; 0		28:35;+0,7		29:36;+1,4	29:37;-1,3		30:38;-0,6		1,26
1,33		26:35;-0,9		27:36; 0		28:37;+0,9			29:39;-0,8		1,33
1,41	25:35;+0,9			26:37;-0,7		27:38;+0,4		28:39;+1,4	28:40;-1,1		1,41
1,50	24:36;-0,3		25:37;+1,1			26:39;-0,3		27:40;+1,0	27:41;-1,5		1,50
1,58	23:37;-1,5		24:38;+0,1			25:40;-0,9		26:41;+0,5			1,58
1,68			23:39;-1,0		24:40;+0,7			25:42;-0,1		26:43;+1,5	1,68
1,78		22:39;+0,3			23:41;-0,2			24:43;-0,7		25:44;+1,0	1,78
1,88	21:39;+1,4	21:40;-1,1		22:41;+1,1	22:42;-1,3		23:43;+0,8	23:44;-1,5		24:45;+0,5	1,88
2,00	20:40;-0,2			21:42;-0,2			22:44;-0,2			23:46;-0,2	2,00
2,11			20:42;+0,6			21:44;+0,9	21:45;-1,4		22:46;+1,1	22:47;-1,1	2,11
2,24		19:42;+1,3	19:43;-1,1			20:45;-0,5			21:47; 0		2,24
2,37		18:43;-0,7			19:45;+0,1			20:47;+0,9	20:48;-1,2		2,37
2,51	17:43;-0,7			18:45;+0,5			19:47;+1,5	19:48;-0,6			2,51
2,66			17:45;+0,5				18:48;-0,2			19:50;+1,1	2,66
2,82		16:45;+0,2				17:48;-0,2			18:50;+1,5	18:51;-0,5	2,82
2,99	15:45;-0,5				16:48;-0,5			17:50;+1,5	17:51;-0,5		2,99
3,16			15:47;+0,9	15:48;-1,2			16:50;+1,2	16:51;-0,8			3,16
3,35		14:47;-0,2				15:50;+0,5	15:51;-1,5		16:53;+1,1		3,35
3,55				14:49;+1,4	14:50;+0,7				15:53;+0,4	15:54;-1,4	3,55
3,76			13:49;-0,3				14:52;+1,2	14:53;-0,7			3,76
3,98	12:48;-0,5				13:51;+1,5	13:52;-0,5				14:55;+1,3	3,98
4,22			12:50;+1,2	12:51;-0,8				13:54;+1,5	13:55;-0,3		4,22
4,47	11:49;+0,3	11:50;-1,7					12:53;+1,1	12:54;-0,7			4,47
4,73				11:52;+0,1	11:53;-1,8				12:56;+1,4	12:57;-0,4	4,73
5,01	10:50;+0,2	10:51;-1,7					11:55;+0,2	11:56;-1,6			5,01
5,31				10:53;+0,2	10:54;-1,7					11:58;+0,7	5,31
5,62	9:51;-0,8						10:56;+0,4	10:57;-1,3			5,62
5,96			9:53;+1,2	9:54;-0,7						10:59;+0,9	5,96

Tabellen zur Zähnezahlberechnung bei Getrieben für Normdrehzahlen (Fortsetzung).

Tafel XXVI.

1:	70	71	72	73	74	75	76	77	78	79	1:
1,00	35:35; 0		36:36; 0		37:37; 0		38:38; 0		39:39; 0		1,00
1,06	34:36; 0		35:37;+0,2		36:38;+0,4		37:39;+0,5		38:40;+0,6		1,06
1,12	33:37;+0,1		34:38;+0,4		35:39;+0,7		36:40;+1,0	36:41;-1,5	37:41;+1,3	37:42;-1,2	1,12
1,19	32:38;+0,1		33:39;+0,6		34:40;+1,0	34:41;-1,4	35:41;+1,5	35:42;-1,0		36:43;-0,5	1,19
1,26	31:39;+0,1		32:40;+0,7	33:41;+1,3		33:42;-1,1		34:43;-0,5		35:44;+0,1	1,26
1,33	30:40; 0		31:41;+0,8			32:43;-0,8		33:44; 0		34:45;+0,8	1,33
1,41	29:41;-0,1		30:42;+0,9	30:43;-1,5		31:44;-0,5		32:45;+0,4		33:46;+1,3	1,41
1,50	28:42;-0,3		29:43;+0,9	29:44;-1,4		30:45;-0,3		31:46;+0,8	31:47;-1,3		1,50
1,58	27:43;-0,5		28:44;+0,9	28:45;-1,4		29:46;-0,1		30:47;+1,2	30:48;-0,9		1,58
1,68	26:44;-0,8		27:45;+0,7	27:46;-1,5		28:47; 0		29:48;+1,4	29:49;-0,6		1,68
1,78	25:45;-1,2		26:46;+0,5			27:48; 0			28:50;-0,4		1,78
1,88			25:47;+0,2			26:49;-0,1			27:51;-0,3		1,88
2,00			24:48;-0,2			25:50;-0,2			26:52;-0,2		2,00
2,11		23:48;+1,3	23:49;-0,8		24:50;+1,4	24:51;-0,5			25:53;-0,3		2,11
2,24		22:49;+0,5	22:50;-1,5		23:51;+1,0	23:52;-1,0		24:53;+1,4	24:54;-0,5		2,24
2,37		21:50;-0,4			22:52;+0,3			23:54;+1,0	23:55;-0,8		2,37
2,51	20:50;+0,5	20:51;-1,5		21:52;+1,4	21:53;-0,5			22:55;+0,5	22:56;-1,3		2,51
2,66	19:51;-0,9			20:53;+0,4	20:54;-1,5			21:56;-0,2			2,66
2,82			19:53;+1,1	19:54;-0,8			20:56;+0,7	20:57;-1,1			2,82
2,99		18:53;+1,4	18:54;-0,5			19:56;+1,3	19:57;-0,5			20:59;+1,2	2,99
3,16	17:53;+1,4	17:54;-0,4				18:57;-0,1				19:60;+0,1	3,16
3,35	16:54;-0,8				17:57;-0,1				18:60;+0,5	18:61;-1,2	3,35
3,55			16:56;+1,4	16:57;-0,4				17:60;+0,5	17:61;-1,1		3,55
3,76		15:56;+0,7	15:57;-1,1				16:60;+0,2	16:61;-1,4			3,76
3,98	14:56;-0,5				15:59;+1,2	15:60;-0,5			16:63;+1,1		3,98
4,22			14:58;+1,8	14:59;+0,1	14:60;-1,6			15:62;+2,0	15:63;+0,4	15:64;-1,2	4,22
4,47	13:57;+1,9	13:58;+0,1	13:59;-1,6				14:62;+0,9	14:63;-0,7			4,47
4,73				13:61;+0,8		13:62;-0,8				14:65;+1,9	4,73
5,01		12:59;+1,9	12:60;+0,2	12:61;-1,4				13:64;+1,8	13:65;+0,2	13:66;-1,3	5,01
5,31	11:59;-1,0					12:63;+1,1	12:64;-0,5	12:65;-2,0			5,31
5,62			11:61;+1,4	11:62;-0,2	11:63;-1,8					12:67;+0,7	5,62
5,96	10:60;-0,7						11:65;+0,8	11:66;-0,7			5,96

Tabellen zur Zähnezahlberechnung bei Getrieben für Normdrehzahlen (Fortsetzung).

1:	80	81	82	83	84	85	86	87	88	89	1:
1,00	40:40; 0		41:41; 0		42:42; 0		43:43; 0		44:44; 0		1,00
1,06	39:41;+0,8		40:42;+0,9	40:43;-1,5	41:43;+1,0	41:44;-1,3	42:44;+1,1	42:45;-1,1	43:45;+1,2	43:46;-1,0	1,06
1,12	38:42;+1,5	38:43;-0,8		39:44;-0,5		40:45;-0,3		41:46; 0		42:47;+0,3	1,12
1,19		37:44;-0,1		38:45;+0,4		39:46;+0,8	39:47;-1,4	40:47;+1,1	40:48;-1,0	41:48;+1,5	1,19
1,26		36:45;+0,7	36:46;-1,5	37:46;+1,3	37:47;-0,9		38:48;-0,3		39:49;+0,2		1,26
1,33	34:46;-1,4	35:46;+1,5	35:47;-0,7		36:48; 0		37:49;+0,7	37:50;-1,3	38:50;+1,3	38:51;-0,6	1,33
1,41	33:47;-0,8		34:48;+0,1		35:49;+0,9	35:50;-1,1		36:51;-0,3		37:52;+0,5	1,41
1,50	32:48;-0,3		33:49;+0,8	33:50;-1,2		34:51;-0,3		35:52;+0,7	35:53;-1,2		1,50
1,58	31:49;+0,3		32:50;+1,4	32:51;-0,6		33:52;+0,6	33:53;-1,3		34:54;-0,2		1,58
1,68	30:50;+0,7	30:51;-1,2		31:52;+0,1		32:53;+1,4	32:54;-0,5		33:55;+0,7	33:56;-1,1	1,68
1,78	29:51;+1,1	29:52;-0,8		30:53;+0,7	30:54;-1,2		31:55;+0,2			32:57;-0,2	1,78
1,88	28:52;+1,4	28:53;-0,5		29:54;+1,2	29:55;-0,7		30:56;+0,9	30:57;-0,9		31:58;+0,7	1,88
2,00		27:54;-0,2			28:56;-0,2		29:57;+1,5	29:58;-0,2		30:59;+1,5	2,00
2,11		26:55;-0,1			27:57;+0,1			28:59;+0,3	28:60;-1,4		2,11
2,24		25:56;-0,1			26:58;+0,4	26:59;-1,3		27:60;+0,7	27:61;-0,9		2,24
2,37		24:57;-0,2			25:59;+0,5	25:60;-1,2		26:61;+1,1	26:62;-0,6		2,37
2,51	23:57;+1,4	23:58;-0,4			24:60;+0,5	24:61;-1,2		25:62;+1,3	25:63;-0,3		2,51
2,66	22:58;+0,9	22:59;-0,8			23:61;+0,3	23:62;-1,3		24:63;+1,4	24:64;-0,2		2,66
2,82	21:59;+0,3	21:60;-1,4			22:62; 0			23:64;+1,3	23:65;-0,3		2,82
2,99	20:60;-0,5			21:62;+1,1	21:63;-0,5			22:65;+1,0	22:66;-0,5		2,99
3,16	19:61;-1,5			20:63;+0,4	20:64;-1,2			21:66;+0,6	21:67;-0,9		3,16
3,35			19:63;+1,0	19:64;-0,6			20:66;+1,5	20:67; 0	20:68;-1,5		3,35
3,55		18:63;+1,4	18:64;-0,2	18:65;-1,7			19:67;+0,6	19:68;-0,9			3,55
3,76	17:63;+1,4	17:64;-0,2				18:67;+1,0	18:68;-0,5				3,76
3,98	16:64;-0,5	16:65;-2,0			17:67;+1,0	17:68;-0,5	17:69;-1,9			18:71;+0,9	3,98
4,22			16:67;+0,7			16:68;-0,8			17:71;+1,0	17:72;-0,4	4,22
4,47		15:66;+1,5	15:67; 0	15:68;-1,5				16:71;+0,7	16:72;-0,7		4,47
4,73	14:66;+0,4	14:67;-1,1					15:70;+1,4	15:71; 0	15:72;-1,4		4,73
5,01				14:69;+1,7	14:70;+0,2	14:71;-1,2				15:74;+1,6	5,01
5,31		13:68;+1,5	13:69; 0	13:70;-1,4				14:73;+1,8	14:74;+0,4	14:75;-0,5	5,31
5,62	12:68;-0,8						13:72;+1,5	13:73;+0,1	13:74;-1,2		5,62
5,96				12:71;+0,7	12:72;-0,7					13:76;+1,9	5,96

Tafel XXVII.

Tabellen zur Zähnezahlberechnung bei Getrieben für Normdrehzahlen (Fortsetzung).

Tafel XXVIII.

1:	90	91	92	93	94	95	96	97	98	99	1:
1,00	45:45; 0		46:46; 0		47:47; 0		48:48; 0	49:48;+2,0	49:49; 0	50:49;+2,0	1,00
1,06	44:46;+1,3	44:47;-0,8	45:47;+1,4	45:48;-0,7	46:48;+1,5	46:49;-0,6	47:49;+1,6	47:50;-0,4		48:51;-0,3	1,06
1,12		43:48;+0,5	43:49;-1,5	44:49;+0,8	44:50;-1,3	45:50;+1,0	45:51;-1,0	46:51;+1,2	46:52;-0,7	47:52;+1,4	1,12
1,19	41:49;-0,6		42:50;-0,2		43:51;+0,2		44:52;+0,6	44:53;-1,3	45:53;+0,9	45:54;-1,0	1,19
1,26	40:50;+0,7	40:51;-1,3	41:51;+1,2	41:52;-0,7		42:53;-0,2		43:54;+0,2		44:55;+0,7	1,26
1,33		39:52; 0		40:53;+0,6	40:54;-1,2	41:54;+1,2	41:55;-0,6		42:56; 0		1,33
1,41	37:53;-1,4	38:53;+1,3	38:54;-0,6		39:55;+0,2		40:56;+0,9	40:57;-0,9		41:58;-0,1	1,41
1,50	36:54;-0,3		37:55;+0,7	37:56;-1,1	38:56;+1,5	38:57;-0,3		39:58;+0,6	39:59;-1,1	40:59;+1,4	1,50
1,58	35:55;+0,9	35:56;-0,9		36:57;+0,1		37:58;+1,1	37:59;-0,6		38:60;+0,4	38:61;-1,3	1,58
1,68		34:57;+0,1		35:58;+1,3	35:59;-0,4		36:60;+0,7	36:61;-0,9		37:62;+0,2	1,68
1,78		33:58;+1,2	33:59;-0,5		34:60;+0,8	34:61;-0,9		35:62;+0,4	35:63;-1,2		1,78
1,88	31:59;-1,0		32:60;+0,5	32:61;-1,2		33:62;+0,3	33:63;-1,3		34:64;+0,1	34:65;-1,5	1,88
2,00	30:60;-0,2		31:61;+1,4	31:62;-0,2		32:63;+1,3	32:64;-0,2		33:65;+1,3	33:66;-0,2	2,00
2,11	29:61;+0,5	29:62;-1,1		30:63;+0,6	30:64;-0,9		31:65;+0,8	31:66;-0,7		32:67;+0,9	2,11
2,24	28:62;+1,1	28:63;-0,5		29:64;+1,4	29:65;-0,1			30:67;+0,2	30:68;-1,2		2,24
2,37		27:64; 0	27:65;-1,5		28:66;+0,6	28:67;-0,9		29:68;+1,1	29:69;-0,3		2,37
2,51		26:65;+0,5	26:66;-1,0		27:67;+1,2	27:68;-0,3			28:70;+0,5	28:71;-0,9	2,51
2,66		25:66;+0,8	25:67;-0,7			26:69;+0,3	26:70;-1,2		27:71;+1,2	27:72;-0,2	2,66
2,82		24:67;+1,0	24:68;-0,5			25:70;+0,7	25:71;-0,8			26:73;+0,4	2,82
2,99		23:68;+1,0	23:69;-0,5			24:71;+0,9	24:72;-0,5			25:74;+0,9	2,99
3,16		22:69;+0,8	22:70;-0,6			23:72;+1,0	23:73;-0,4			24:75;+1,2	3,16
3,35		21:70;+0,5	21:71;-0,9			22:73;+0,9	22:74;-0,4			23:76;+1,4	3,35
3,55	20:70;+1,4	20:71;-0,1	20:72;-1,4			21:74;+0,7	21:75;-0,7			22:77;+1,4	3,55
3,76	19:71;+0,6	19:72;-0,8				20:75;+0,2	20:76;-1,1			21:78;+1,2	3,76
3,98	18:72;-0,5	18:73;-1,8			19:75;+0,9	19:76;-0,5	19:77;-1,8			20:79;+0,8	3,98
4,22	17:73;-1,8			18:75;+1,2	18:76;-0,1	18:77;-1,4			19:79;+1,4	19:80;+0,2	4,22
4,47			17:75;+1,2	17:76;-0,1	17:77;-1,4			18:79;+1,8	18:80;+0,5	18:81;-0,7	4,47
4,73		16:75;+0,9	16:76;-0,4	16:77;-1,7			17:79;+1,8	17:80;+0,5	17:81;-0,7	17:82;-1,9	4,73
5,01	15:75;+0,2	15:76;-1,1				16:79;+1,5	16:80;+0,2	16:81;-1,0			5,01
5,31					15:79;+0,8	15:80;-0,5	15:81;-1,7				5,31
5,62			14:78;+0,9	14:79;-0,3	14:80;-1,6				15:83;+1,6	15:84;+0,4	5,62
5,96	13:77;+0,6	13:78;-0,7	13:79;-2,0				14:82;+1,7	14:83;+0,5	14:84;-0,7	14:85;-1,9	5,96

Tabellen zur Zähnezahlberechnung bei Getrieben für Normdrehzahlen (Fortsetzung).

1:	100	101	102	103	104	105	106	107	108	109	1:
1,00	50:50; 0	51:50;+2,0	51:51; 0	52:51;+1,9	52:52; 0	53:52;+1,9	53:53; 0	54:53;+1,9	54:54; 0	55:54;+1,8	1,00
1,06		49:52;-0,2		50:53;-0,1		51:54; 0		52:55;+0,1		53:56;+0,3	1,06
1,12	47:53;-0,5		48:54;-0,3		49:55; 0		50:56;+0,2		51:57;+0,4	51:58;-1,3	1,12
1,19	46:54;+1,2	46:55;-0,6		47:56;-0,3		48:57;+0,1		49:58;+0,4	49:59;-1,3	50:59;+0,7	1,19
1,26	44:56;-1,1	45:56;+1,2	45:57;-0,6		46:58;-0,2		47:59;+0,3	47:60;-1,4	48:60;+0,7	48:61;-0,9	1,26
1,33	43:57;+0,6	43:58;-1,1	44:58;+1,2	44:59;-0,6		45:60; 0		46:61;+0,6	46:62;-1,1	47:62;+1,1	1,33
1,41		42:59;+0,6	42:60;-1,1	43:60;+1,2	43:61;-0,4		44:62;+0,2	44:63;-1,3	45:63;+0,9	45:64;-0,7	1,41
1,50	40:60;-0,3		41:61;+0,6	41:62;-1,1	42:62;+1,4	42:63;-0,3		43:64;+0,5	43:65;-1,0	44:65;+1,3	1,50
1,58	39:61;+1,3	39:62;-0,3		40:63;+0,6	40:64;-0,9	41:64;+1,5	41:65; 0	41:66;-1,5	42:66;+0,9	42:67;-0,6	1,58
1,68	37:63;-1,4	38:63;+1,3	38:64;-0,3		39:65;+0,7	39:66;-0,8		40:67;+0,2	40:68;-1,2	41:68;+1,2	1,68
1,78	36:64; 0	36:65;-1,5	37:65;+1,2	37:66;-0,3		38:67;+0,9	38:68;-0,6		39:69;+0,5	39:70;-0,9	1,78
1,88	35:65;+1,4	35:66;-0,1		36:67;+0,2	36:68;-0,3		37:69;+1,0	37:70;-0,4		38:71;+0,8	1,88
2,00		34:67;+1,3	34:68;-0,2		35:69;+1,2	35:70;-0,2		36:71;+1,2	36:72;-0,2		2,00
2,11	32:68;-0,5		33:69;+1,1	33:70;-0,4		34:71;+1,2	34:72;-0,2		35:73;+1,3	35:74; 0	2,11
2,24	31:69;+0,6	31:70;-0,9		32:71;+0,9	32:72;-0,5		33:73;+1,2	33:74;-0,2	33:75;-1,5	34:75;+1,5	2,24
2,37		30:71;+0,2	30:72;-1,2		31:73;+0,7	31:74;-0,7		32:75;+1,2	32:76;-0,2	32:77;-1,5	2,37
2,51		29:72;+1,2	29:73;-0,2			30:75;+0,5	30:76;-0,8		31:77;+1,1	31:78;-0,2	2,51
2,66			28:74;+0,7	28:75;-0,7		29:76;+1,5	29:77;+0,2	29:78;-1,1		30:79;+1,0	2,66
2,82	26:74;-1,0		27:75;+1,5	27:76;+0,1	27:77;-1,2		28:78;+1,2	28:79;-0,1	28:80;-1,4		2,82
2,99	25:75;-0,5			26:77;+0,8	26:78;-0,5			27:80;+0,8	27:81;-0,5		2,99
3,16	24:76;-0,1	24:77;-1,4		25:78;+1,4	25:79;+0,1	25:80;-1,2		26:81;+1,5	26:82;+0,2	26:83;-0,9	3,16
3,35	23:77;+0,1	23:78;-1,2			24:80;+0,5	24:81;-0,8			25:83;+0,9	25:84;-0,3	3,35
3,55	22:78;+0,1	22:79;-1,2			23:81;+0,7	23:82;-0,5	23:83;-1,7		24:84;+1,4	24:85;+0,2	3,55
3,76	21:79;-0,1	21:80;-1,3			22:82;+0,8	22:83;-0,4	22:84;-1,5		23:85;+1,6	23:86;+0,5	3,76
3,98	20:80;-0,5	20:81;-1,7		21:82;+2,0	21:83;+0,7	21:84;-0,5	21:85;-1,6		22:86;+1,8	22:87;+0,7	3,98
4,22	19:81;-1,1			20:83;+1,6	20:84;+0,4	20:85;-0,8	20:86;-1,9		21:87;+1,8	21:88;+0,6	4,22
4,47	18:82;-1,9			19:84;+1,0	19:85;-0,2	19:86;-1,3			20:88;+1,5	20:89;+0,4	4,47
4,73			18:84;+1,4	18:85;+0,2	18:86;-1,0				19:89;+1,0	19:90;-0,1	4,73
5,01		17:84;+1,4	17:85;+0,2	17:86;-0,9				18:89;+1,4	18:90;+0,2	18:91;-0,9	5,01
5,31	16:84;+1,1	16:85;-0,1	16:86;-1,2				17:89;+1,4	17:90;+0,3	17:91;-0,8	17:92;-1,9	5,31
5,62	15:85;-0,8	15:86;-1,9				16:89;+1,1	16:90; 0	16:91;-1,1			5,62
5,96				15:88;+1,5	15:89;+0,4	15:90;-0,7	15:91;-1,8				5,96

Tafel XXIX.

Tabellen zur Zähnezahlberechnung bei Getrieben für Normdrehzahlen. (Fortsetzung).

Tafel XXX.

1:	110	111	112	113	114	115	116	117	118	119	120
1,00	55:55; 0	56:55;+1,8	56:56; 0	57:56;+1,8	57:57; 0	58:57;+1,7	58:58; 0	59:58;+1,7	59:59; 0	60:59;+1,7	60:60; 0
1,06	53:57;-1,5	54:57;+0,4	54:58;-1,4	55:58;+0,4	55:59;-1,3	56:59;+0,5	56:60;-1,1	57:60;+0,6	57:61;-1,0	58:61;+0,7	58:62;-0,9
1,12	52:58;+0,6	52:59;-1,1	53:59;+0,8	53:60;-0,9	54:60;+1,0	54:61;-0,7	55:61;+1,2	55:62;-0,5	56:62;+1,3	56:63;-0,3	57:63;+1,5
1,19	50:60;-1,0	51:60;+1,0	51:61;-0,6	52:61;+1,3	52:62;-0,3		53:63; 0		54:64;+0,3	54:65;-1,3	55:65;+0,6
1,26	49:61;+1,1	49:62;-0,5	50:62;+1,5	50:63;-0,1		51:64;+0,3	51:65;-1,2	52:65;+0,7	52:66;-0,8	53:66;+1,1	53:67;-0,4
1,33	47:63;-0,5		48:64; 0	48:65;-1,5	49:65;+0,5	49:66;-1,0	50:66;+1,0	50:67;-0,5	51:67;+1,5	51:68; 0	51:69;-1,4
1,41	46:64;+1,5	46:65; 0		47:66;+0,6	47:67;-0,9	48:67;+1,2	48:68;-0,3		49:69;+0,3	49:70;-1,1	50:70;+0,9
1,50	44:66;-0,3		45:67;+0,5	45:68;-1,0	46:68;+1,2	46:69;-0,3		47:70;+0,5	47:71;-1,0	48:71;+1,2	48:72;-0,3
1,58		43:68;+0,2	43:69;-1,2	44:69;+1,1	44:70;-0,4		45:71;+0,5	45:72;-0,9	46:72;+1,3	46:73;-0,1	46:74;-1,5
1,68	41:69;-0,2		42:70;+0,7	42:71;-0,7		43:72;+0,3	43:73;-1,1	44:73;+1,2	44:74;-0,2	44:75;-1,5	45:75;+0,7
1,78		40:71;+0,2	40:72;-1,2	41:72;+1,3	41:73;-0,1	41:74;-1,5	42:74;+0,9	42:75;-0,4		43:76;+0,6	43:77;-0,7
1,88	38:72;-0,6		39:73;+0,6	39:74;-0,7		40:75;+0,5	40:76;-0,9		41:77;+0,3	41:78;-1,0	42:78;+1,4
2,00	37:73;+1,1	37:74;-0,2		38:75;+1,1	38:76;-0,2	38:77;-1,5	39:77;+1,1	39:78;-0,2	39:79;-1,5	40:79;+1,0	40:80;-0,2
2,11	35:75;-1,4	36:75;+1,4	36:76;+0,1	36:77;-1,2		37:78;+0,3	37:79;-1,0		38:80;+0,4	38:81;-0,8	
2,24	34:76;+0,2	34:77;-1,1		35:78;+0,5	35:79;-0,8		36:80;+0,7	36:81;-0,5		37:82;+1,0	37:83;-0,2
2,37		33:78;+0,3	33:79;-0,9		34:80;+0,8	34:81;-0,5		35:82;+1,2	35:83; 0	35:84;-1,2	
2,51	31:79;-1,4		32:80;+0,5	32:81;-0,8		33:82;+1,1	33:83;-0,1	33:84;-1,3		34:85;+0,5	34:86;-0,7
2,66	30:80;-0,2	30:81;-1,5		31:82;+0,6	31:83;-0,6		32:84;+1,4	32:85;+0,2	32:86;-1,0		33:87;+0,9
2,82	29:81;+1,0	29:82;-0,3	29:83;-1,5		30:84;+0,7	30:85;-0,5			31:87;+0,4	31:88;-0,7	
2,99		28:83;+0,7	28:84;-0,5			29:86;+0,7	29:87;-0,5			30:89;+0,6	30:90;-0,5
3,16			27:85;+0,4	27:86;-0,7			28:88;+0,6	28:89;-0,5			29:91;+0,8
3,35	25:85;-1,5		26:86;+1,3	26:87;+0,1	26:88;-1,0			27:90;+0,5	27:91;-0,6		
3,55	24:86;-1,0			25:88;+0,8	25:89;-0,3	25:90;-1,4		26:91;+1,4	26:92;+0,3	26:93;-0,8	
3,76	23:87;-0,6			24:89;+1,3	24:90;+0,2	24:91;-0,9			25:93;+1,0	25:94; 0	25:95;-1,1
3,98	22:88;-0,5	22:89;-1,6		23:90;+1,7	23:91;+0,6	23:92;-0,5	23:93;-1,5		24:94;+1,6	24:95;+0,6	24:96;-0,5
4,22	21:89;-0,5	21:90;-1,6		22:91;+1,9	22:92;+0,8	22:93;-0,2	22:94;-1,3			23:96;+1,0	23:97; 0
4,47	20:90;-0,7	20:91;-1,8		21:92;+2,0	21:93;+0,9	21:94;-0,2	21:95;-1,3			22:97;+1,3	22:98;+0,3
4,73	19:91;-1,2			20:93;+1,8	20:94;+0,6	20:95;-0,4	20:96;-1,4			21:98;+1,4	21:99;+0,4
5,01	18:92;-1,9			19:94;+1,3	19:95;+0,2	19:96;-0,8	19:97;-1,8			20:99;+1,2	20:100;+0,2
5,31			18:94;+1,7	18:95;+0,6	18:96;-0,5	18:97;-1,5			19:99;+1,9	19:100;+0,9	19:101;-0,1
5,62		17:94;+1,7	17:95;+0,6	17:96;-0,4	17:97;-1,4				18:100;+1,2	18:101;-0,2	18:102;-0,8
5,96	16:94;+1,4	16:95;+0,3	16:96;-0,7	16:97;-1,7				17:100;+1,3	17:101;+0,3	17:102;-0,7	17:103;-1,7

Additional material from *Die Getriebe für Normdrehzahlen*,
ISBN 978-3-662-32394-6, is available at http://extras.springer.com